統計学が わかる

ハンバーガーショップでむりなく学ぶ、
やさしく楽しい統計学

向後千春 著
冨永敦子

技術評論社

- 本書は Web 公開されている独習教材『ハンバーガーショップで学ぶ楽しい統計学』を加筆・再編集し、書籍化したものです。

はじめに

　世の中にはたくさんのデータがあふれています。私たち自身も、アンケート調査をしたり、実験をしたりして、データを収集します。データが集まったら、その次にやることはデータ分析です。データ分析をするときには統計学の考え方と手法を使います。そのために、社会でも学校でも、専門領域にかかわらず、統計学の素養が求められています。しかし、統計学という学問はとても複雑になっています。本当に極めようと思えば数学的なことも理解しなければなりません。とはいえ、私たちは、統計学の専門家になろうとしているわけではありません。ただ、目の前にあるデータを適切に分析して、そこから意味のあることがらをなんとかして導き出したいと思っているのです。

　この本は、統計学の難しい専門書を目の前にしてため息をついている人のために書かれました。実際にデータを持っていて、このデータをどうやって分析しようかと考えている、統計学ユーザーのための本です。

　この本を作るにあたっては、二つのことを目標にしました。一つは、あることを調べたいときに、統計学のどのような手法があるのかということを、具体的なストーリーとデータで語ること。もう一つは、その統計学の手法がどのような考え方（ロジック）によって成立しているかをわかりやすく語ることです。そうすることによって、統計学ユーザーが最初に読んでもらえるような入門書にしたいと考えました。

　この本を最初の足がかりとして、多くの人がデータ分析の考え方と実際に使えるスキルを身につけ、意味のあることがらを見つけ出していって欲しいと願っています。それを少しでもお手伝いできれば、私たち著者の望外の喜びです。

平成 19 年 8 月　向後千春　冨永敦子

ファーストブック　**統計学がわかる**　Contents

第1章　ポテトの長さは揃ってる？──平均と分散

1-1 平均を調べる 12
　●ほかの店よりポテトが短い？ 12
　●平均値を計算する 15

1-2 度数分布を調べる 18
　●長いポテトと短いポテト 18
　●度数分布を調べる 19

1-3 ばらつきを数字にする（分散と標準偏差） 22
　●ばらつきはいくつ？ 22
　●分散を計算する 22
　●標準偏差を計算する 24
　●分散と標準偏差を比較する 27
　●ついにポテトの謎が解けた!? 27

　(column) 今こそ知りたい偏差値の正体！ 30

　確認テスト 32

第2章　ポテトの本数はどのくらい？──信頼区間

2-1 平均的な本数を推定する 34
　●長さじゃなくて、今度は本数！ 34
　●母集団から標本を抽出する 35

2-2 母集団の平均と分散を推定する 38
　●標本から推定する方法 38
　●推定値はわかったが…… 40

2-3 区間推定と信頼区間 ... 41
- ここからここまでに入ってる……という推定 ... 41
- 区間推定の考え方 ... 42
- 信頼区間の求め方 ... 45
- t分布表と自由度 ... 48

(column) 選挙速報は開票率1%でなぜ当たるのか? ... 50

確認テスト ... 51

第3章 ライバル店と売り上げを比較 — カイ2乗検定

3-1 まずは「差はない」と考える(帰無仮説) ... 54
- チキンの売り上げが少ない? ... 54
- ポテトとチキンの売り上げを調べる ... 55
- はじめに仮説を立てる ... 56
- 仮説を検討してみよう ... 58
- 観測度数と期待度数を比べる ... 59

3-2 カイ2乗値を求める ... 62
- 観測度数と期待度数のズレを数値にする ... 62

3-3 カイ2乗分布は自由度によって変わる ... 65
- カイ2乗値の性質を知る − ピンポン玉実験 ... 65
- カイ2乗分布とは? ... 67
- 自由度によるカイ2乗分布の変化を見る ... 68

3-4 カイ2乗検定を行う ... 70
- カイ2乗値と自由度を求める ... 70

- ●確率を求める ……………………………………………………… 71
- ●有意水準を設定する ……………………………………………… 72
- ●仮説検定を行う …………………………………………………… 73
- ●決断……やっぱり対策が必要か!? ……………………………… 74
- (column) 簡単なアンケートではどう考える? …………………… 76
- 確認テスト …………………………………………………………… 78

第4章 どちらの商品がウケていますか?──t検定(対応なし)

4-1 ハンバーガーの味を評価する …………………………… 80
- ●女子高生に人気がない? ………………………………………… 80
- ●ハンバーガーの味に点数をつけてもらう ……………………… 81

4-2 平均差の信頼区間 ………………………………………… 84
- ●信頼区間の考え方を思い出そう ………………………………… 84
- ●信頼区間を差に適用する ………………………………………… 85
- ●差の信頼区間の解釈 ……………………………………………… 89

4-3 t検定を行う ……………………………………………… 90
- ●仮説検定の考え方を思い出そう ………………………………… 90
- ●指標tの性質 ……………………………………………………… 90
- ●t分布表を見る …………………………………………………… 93
- ●t検定の考え方 …………………………………………………… 94
- (column) なぜ新聞では有意差を示さないの? …………………… 97
- 確認テスト …………………………………………………………… 98

第5章 もっと詳しく調べたい！──t検定（対応あり）

5-1 1人に2種類を評価してもらう ……………………………… 100
- さらに詳しく……どうやって？ …………………… 100
- 2種類とも食べて評価 ………………………………… 101
- 新たなアンケートの結果は？ ……………………… 102

5-2 「対応がある」の意味 ……………………………………………… 104
- 仮説検定の考え方を確認する ……………………… 104
- 前回のt検定とどこが違うのか？ ………………… 104
- 「対応」の意味 ………………………………………… 105

5-3 対応のあるt検定を行う ………………………………………… 106
- 対応のあるt検定のやり方 …………………………… 106
- 指標tを計算してみよう ……………………………… 108
- t分布表を見る ………………………………………… 108
- 対応なしと対応ありを比較すると ………………… 111
- 店長、意気込む ………………………………………… 111

(column) 何でも数値化できるの？ ……………………………… 114

確認テスト ………………………………………………………………… 116

第6章 3つ目のライバル店現る──分散分析（1要因）

6-1 t検定が使えない？ ……………………………………………… 118
- 三つどもえのポテト競争 …………………………… 118
- t検定が使えない理由 ………………………………… 120
- t検定ではどうなるか ………………………………… 122

6-2 分散分析を理解する ……………………………… 123
- まずはデータの用意から ……………………………… 123
- 帰無仮説、対立仮説を立てる ………………………… 125
- 分散を分析するから「分散分析」……………………… 125
- 群間のズレと群内のズレを比較する ………………… 127

6-3 分散分析を行う ……………………………………… 128
- 分散分析の計算をしていこう ………………………… 128
- ズレの平方和を計算する ……………………………… 128
- 群間の平方和を計算する ……………………………… 129
- 分散分析表を作る ……………………………………… 130
- F分布表を見る ………………………………………… 132
- 1%有意水準ならどうか ……………………………… 133

(column) ソフトで一発計算してはだめなの？ ………… 136

確認テスト ……………………………………………… 138

第7章 新メニューで差をつけろ──分散分析（2要因）

7-1 2つの要因を扱う ……………………………………… 140
- ここらで一勝負！ でも、どんな味で？ …………… 140
- 要因と水準 ……………………………………………… 142
- データを集める ………………………………………… 143
- ズレの分解 ……………………………………………… 144
- 交互作用を考慮する …………………………………… 145
- 2要因の分散分析 ……………………………………… 146

7-2　2要因の分散分析表 ……………………………………… 148
- 分散分析の計算をする ……………………………… 148
- 要因1によるズレを計算する ……………………… 151
- 要因2によるズレを計算する ……………………… 151
- 交互作用によるズレを計算する …………………… 152
- 残りのズレ(残差)を計算する ……………………… 152
- 分散分析表を作る …………………………………… 153
- 有意差を見る ………………………………………… 155

7-3　交互作用の意味を理解する …………………………… 157
- 交互作用が有意 ……………………………………… 157
- 交互作用の意味 ……………………………………… 158
- 統計学のおかげで大ヒット!? ……………………… 159

(column) 気温が上がるとアイスクリームが売れる? …… 162

確認テスト ………………………………………………………… 163

確認テスト解答例 …………………………………………………… 164
付録　t分布表、カイ2乗分布表、F分布表のまとめ …………… 170
索引 …………………………………………………………………… 172

第 1 章
ポテトの長さは揃ってる?
平均と分散

(この章でわかること)
- 平均
- 度数分布
- 分散と標準偏差

1-1 平均を調べる

大学生のエミは、ハンバーガーショップ「ワクワクバーガー」でアルバイトとして働いています。統計学にまったく無縁だった彼女が、お客さんのひと言をきっかけに、統計学の世界に足を踏み入れることになってしまいました……。

● ほかの店よりポテトが短い?

いらっしゃいませ。ワクワクバーガーにようこそ。ご注文は？

ワクワクバーガーとポテトのSサイズをお願いします。

かしこまりました。ワクワクバーガーとポテトのSサイズですね。

お待たせしました。ワクワクバーガーとポテトのSサイズです。

あの、なんだか、ワクワクバーガーのポテトはモグモグバーガーのポテトよりも短いような気がするんですが。

えっ、そんなことはないですよ、お客様。

でも、モグモグバーガーのポテトは長いのが多いような気がするんです。ボク、こういうことがすごく気になるんです。

そ、そうですか……？

エミは、このことを店長に報告することにしました。

店長、お客様に「ワクワクバーガーのポテトはモグモグバーガーのポテトよりも短いんじゃないか」って言われたんですが。

なにぃ!?　そんなことは絶対にない！　あっちは、ちょっと長いポテトも混じっているかもしれないけど、短いポテトも多いに違いない。

そうなんですか？

いや、たぶん、そうかなと……。そうだ！　エミちゃん、調べてよ。

えっ？　私がですか？

そう。モグモグバーガーのポテトを買ってきて、うちのポテトよりも長いかどうか調べてよ。お願いね。

翌日、エミはライバルのモグモグバーガーのポテトを買ってきました。

２つのポテトを比べてみると……

ポテトの本数と太さは同じくらいだけど、やっぱり長さが違うみたい。

エミは、すべてのポテトの長さを調べ、ポテトの長さの平均値を計算してみることにしました。

🟢 平均値を計算する

平均値は皆さんよくご存じですよね。データの合計値をデータの数で割って、「平らに均（なら）した値」です。

表1-1-1は、ワクワクバーガーのポテトの長さを測ったものです。このデータを使って、ポテトの長さの平均値を計算してみましょう。

表1-1-1 ワクワクバーガーのポテトの長さ（49本分、単位：cm）

番号	長さ	番号	長さ	番号	長さ	番号	長さ	番号	長さ
1	3.5	11	3.8	21	5.8	31	6.4	41	4.2
2	4.2	12	4.0	22	3.6	32	3.8	42	5.2
3	4.9	13	5.2	23	6.0	33	3.9	43	5.3
4	4.6	14	3.9	24	4.2	34	4.2	44	6.4
5	2.8	15	5.6	25	5.7	35	5.1	45	4.4
6	5.6	16	5.3	26	3.9	36	5.1	46	3.6
7	4.2	17	5.0	27	4.7	37	4.1	47	3.7
8	4.9	18	4.7	28	5.3	38	3.6	48	4.2
9	4.4	19	4.0	29	5.5	39	4.2	49	4.8
10	3.7	20	3.1	30	4.7	40	5.0		

平均値の計算の仕方を思い出しましょう。平均値は、次のようにして求めます。

① 49本分のポテトの長さをすべて足します。すべて足した結果を「総和」と呼びます。

　　3.5 ＋ 4.2 ＋ 4.9 ＋ 4.6 ＋ 2.8……

1つずつ足していくのは面倒ですが、合計で224になるはずです（お近くに電卓のない方は信じてください）。

②総和をポテトの本数で割ります。

224÷49＝4.571428571…

ポテトの長さの平均値は、約4.57cmになります。

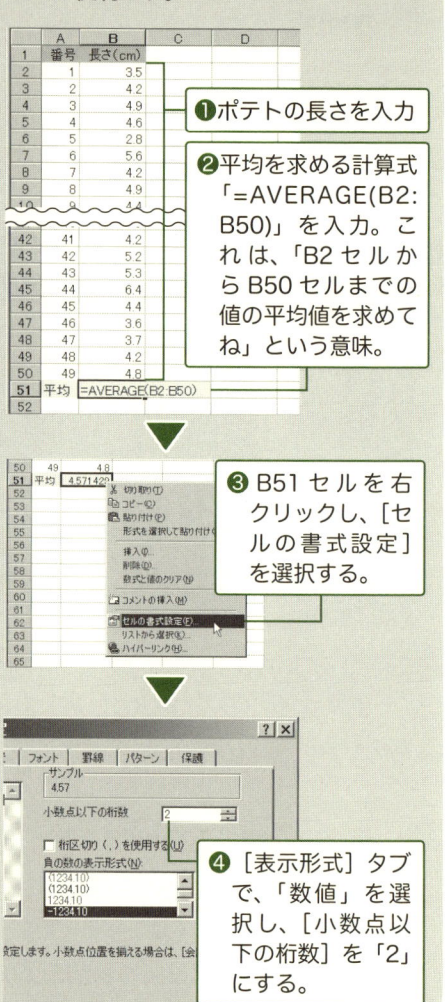

MEMO　Excelで平均値を計算する

　Microsoft Excelは、WindowsとMacintoshの両方において動く、代表的な表計算ソフトです。本書は必ずしもExcelを使用することを前提としていませんが、統計学の効率的な学習にはExcelが便利です。

　Excelには、平均値を計算するための関数「AVERAGE」が用意されています。AVERAGEを使って平均値を計算してみましょう。

❶ポテトの長さを入力

❷平均を求める計算式「=AVERAGE(B2:B50)」を入力。これは、「B2セルからB50セルまでの値の平均値を求めてね」という意味。

・［小数点以下の桁数］を指定

　きれいに割り切れないときは、「4.571428571」のように小数点以下の数字がたくさん並びます。しかし、そのすべての数字が意味あるものではありません。ここでは、元のデータが小数点以下1桁なので、平均値の値としては、もうひとつ下の、小数点以下2桁までの表示にしましょう。

❸B51セルを右クリックし、［セルの書式設定］を選択する。

　［小数点以下の桁数］を「2」にすると、小数点以下3桁目が四捨五入され、「4.57」と小数点以下2桁までが表示されます。ただし、これはあくまでも表示が変わっただけで、セル内に格納されている数値は変わらず、「4.571428571…」のままです。

❹［表示形式］タブで、「数値」を選択し、［小数点以下の桁数］を「2」にする。

【練習問題】

今度は、ライバル店のモグモグバーガーのポテトの長さの平均値を計算してみましょう。モグモグバーガーのポテトの長さは表1-1-2に示したとおりです。

表1-1-2　モグモグバーガーのポテトの長さ（49本分、単位：cm）

番号	長さ	番号	長さ	番号	長さ	番号	長さ	番号	長さ
1	4.5	11	3.8	21	5.8	31	5.4	41	6.4
2	4.2	12	3.0	22	4.6	32	5.8	42	5.2
3	3.9	13	3.2	23	4.0	33	5.9	43	3.3
4	6.6	14	4.9	24	2.2	34	3.2	44	6.4
5	0.8	15	7.6	25	7.7	35	5.1	45	6.4
6	5.6	16	3.3	26	3.9	36	3.1	46	2.6
7	3.2	17	7.0	27	6.7	37	6.1	47	2.6
8	6.9	18	3.7	28	3.3	38	4.6	48	5.2
9	4.4	19	3.0	29	7.5	39	2.2	49	5.8
10	4.7	20	4.1	30	2.7	40	4.0		

● 平均値は変わらないが……

計算できましたか？　ワクワクバーガーとモグモグバーガーのポテトの長さの平均値を比べてみましょう。

・ワクワクバーガー　：　4.57cm

・モグモグバーガー　：　4.61cm

両者の平均値の差は0.04cmです。これは非常に小さな差です。しかし、エミはなんとなくスッキリしません。

確かに平均値はあまり違わないけれど、見た目はずいぶん違うよね。平均値だけを比較して、「長さは同じです」と報告してもいいのかなぁ。

1-2 度数分布を調べる

長いポテトと短いポテト

悩んだエミは、大学の研究室のエビハラ先輩に相談しました。

> ふうん、ワクワクバーガーのポテトはどれもだいたい同じ長さで、モグモグバーガーのポテトは長かったり短かったりするんだね。

> そうなんです。でも、平均値はあまり変わらないんです。

> じゃあ、度数分布を調べてみたら？

> 度数分布？

> そう。0〜1cmのポテトは何本あるのか、1〜2cmのポテトは何本あるのかを調べるのさ。

度数分布を調べる

度数分布は、データの散らばり具合を知るのに役立ちます。最初にワクワクバーガーのポテトの長さの度数分布を調べてみましょう。

まず、表1-2-1の左列のように、1cm区切りのグループを作ります。これを**階級**と呼びます。

次に、それぞれの階級のところに何本のポテトが入るのかを数えます。例えば、長さ3.5cmのポテトは「3cm以上4cm未満」の階級に入ります。1つの階級に含まれるデータの個数を**度数**と呼びます。

表1-2-1　ワクワクバーガーのポテトの長さの度数分布

階級	度数
0cm 以上 1cm 未満	0
1cm 以上 2cm 未満	0
2cm 以上 3cm 未満	1
3cm 以上 4cm 未満	12
4cm 以上 5cm 未満	19
5cm 以上 6cm 未満	14
6cm 以上 7cm 未満	3
7cm 以上 8cm 未満	0

表1-2-1のような表を**度数分布表**と呼びます。度数がどのように散らばっているか（分布しているか）を示すので、度数分布表と呼ぶわけです。

表1-2-1をグラフにしたものが次ページの図1-2-2です。これを**度数分布図**（あるいは**ヒストグラム**）と呼びます。

この度数分布図をよく見ると、以下のことがわかります。

【ワクワクバーガーの度数分布図を見てわかること】
・度数が真ん中（4～6cm）に集中している
・分布範囲は2～7cmの間

図1-2-2 ワクワクバーガーの度数分布図

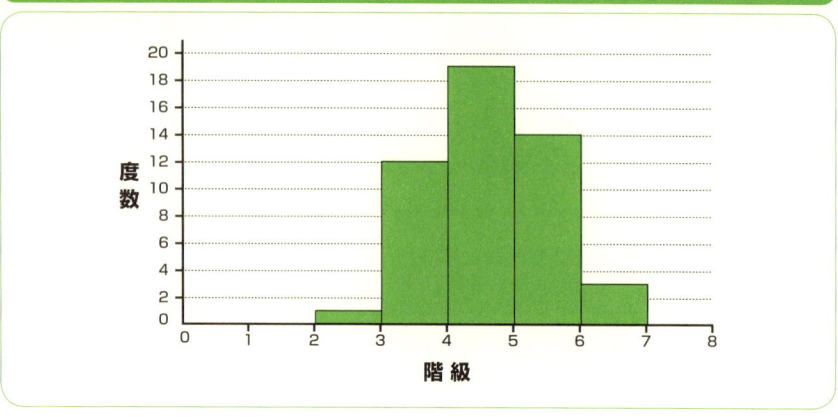

【練習問題】
　表1-1-2「モグモグバーガーのポテトの長さ」（→p.17）をもとに、モグモグバーガーのポテトの長さの度数分布を調べてみましょう。

　モグモグバーガーの度数分布は、次のようになります。

表1-2-3　モグモグバーガーのポテトの長さの度数分布

階級	度数
0cm 以上 1cm 未満	1
1cm 以上 2cm 未満	0
2cm 以上 3cm 未満	5
3cm 以上 4cm 未満	13
4cm 以上 5cm 未満	10
5cm 以上 6cm 未満	9
6cm 以上 7cm 未満	7
7cm 以上 8cm 未満	4

　表1-2-3を元にして、次ページの図1-2-4を塗りつぶして、度数分布図を完成させましょう。

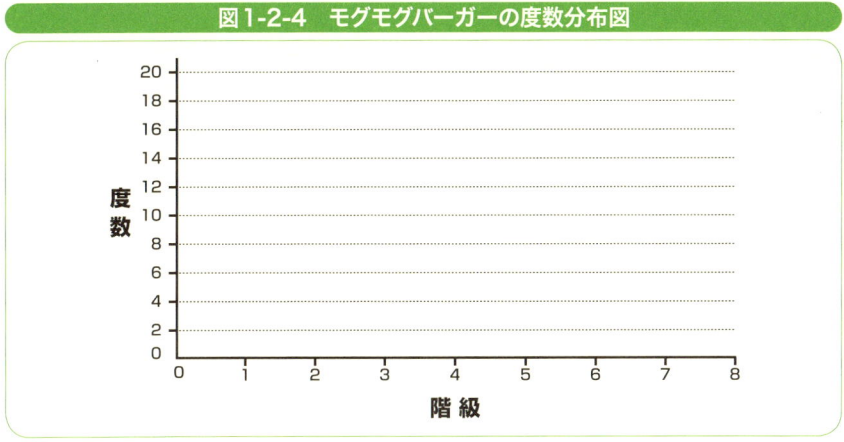

図1-2-4の度数分布図を完成させると、以下のことがわかります。

【モグモグバーガーの度数分布図を見てわかること】
・ワクワクバーガーほど真ん中（4〜6cm）には集中していない
・分布範囲は0〜8cmの間で、ワクワクバーガーよりも広い

図1-2-2「ワクワクバーガーの度数分布図」と、図1-2-4「モグモグバーガーの度数分布図」を比較してみましょう。ワクワクバーガーよりもモグモグバーガーのポテトのほうが、長さのばらつきが大きいことがわかります。

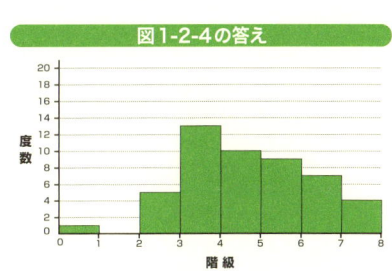

1-3 ばらつきを数字にする（分散と標準偏差）

ばらつきはいくつ？

度数分布図にすると、長さのばらつきがよくわかるけれど、いつも度数分布図を作るのは少し面倒ですよね、先輩。もうちょっと簡単な方法はないですか？

わがままだね、エミちゃん。じゃあ、ばらつきを数字で表してみようか。

数字になるんですか？

そう。「このポテトの長さの平均値はいくら」というのと同じように、「このポテトの長さのばらつきはいくら」って表すのさ。

へぇ、それって便利！

分散を計算する

　先輩が言うように、ポテトの長さのばらつきを数字で表すには、どうすればよいのでしょうか？

　まず、次ページの図1-3-1のように、ポテトを長さの順に並べ、平均値のところに線を引いてみます。

　ばらつきの小さいワクワクバーガーのポテトは、平均値からのずれが小さくなります。それに対して、ばらつきの大きいモグモグバーガーのポテトは、平均値からのずれが大きくなります。

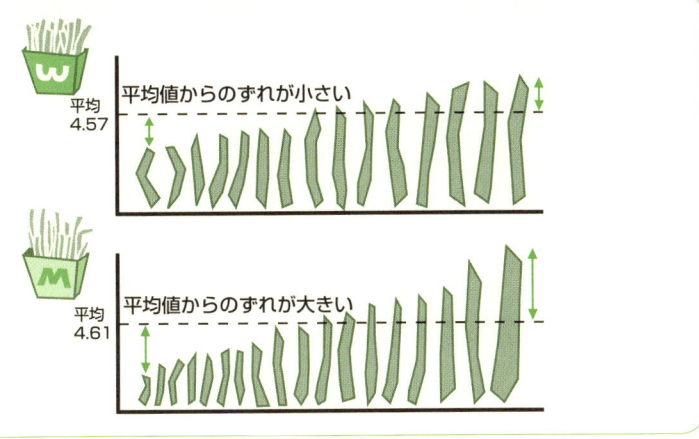

図1-3-1 平均値からのずれ

　そこで、平均値からのずれ（つまり個々のデータと平均値との差）を足せば、ばらつきの数値になるのではないかと考えます。つまり、

ばらつき案1 ＝（データ－平均値）の総和

ということです。しかし、この案だと、データが平均値よりも小さいときは、（データ－平均値）はマイナスになるので、総和を求めてもゼロになってしまいます。
　そこで、2乗することにより、マイナスをプラスにします。次の案はこうなります。

ばらつき案2 ＝（（データ－平均値）^{2}）の総和

しかし、まだ問題があります。この式だと、データ数が多くなると、当然、総和も大きくなってしまい、ばらつきが大きいということになってしまいます。データ数にかかわらず、ばらつきを求めたいのです。
　そこで、総和をデータ数で割ることにします。式は、

ばらつき案3 ＝（（データ－平均値）^{2}）の総和÷データ数

1-3 ばらつきを数字にする（分散と標準偏差）

となります。これは（データ−平均値)^{2}の平均を求めたことになります。これで良さそうです。この「ばらつき案3」のことを**分散**と呼びます。

　　分散＝（(データ−平均値)^2）の総和÷データ数

　分散は、平均値を中心にして、データがどのくらいばらついているのかを示した数値です。これを図解で示してみると、次のようになります。

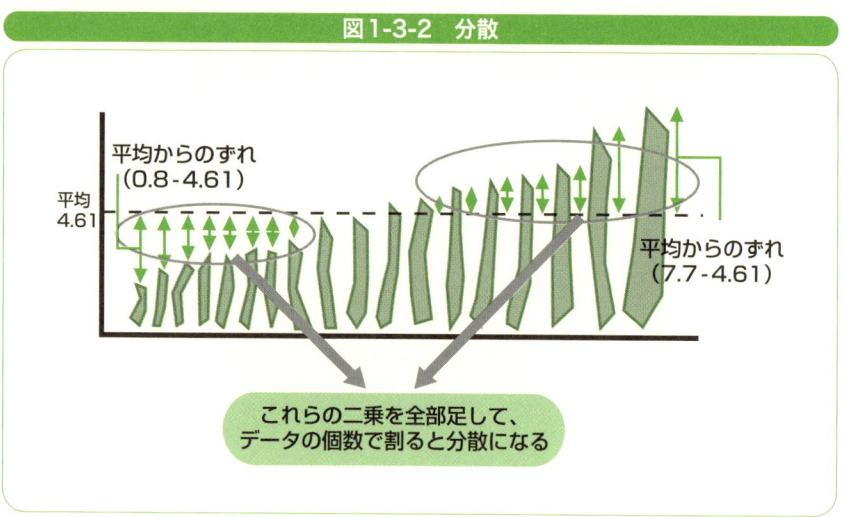

図1-3-2　分散

標準偏差を計算する

　今度は、分散を求める式の単位に注目してみましょう。

　　分散＝（(データ−平均値)^2）の総和÷データ数

　データや平均値の単位はcmですが、式の中で2乗しているので、単位はcm^2（平方センチメートル）になります。
　そこで、単位をそろえるために、分散の値の平方根（ルート）をとります。分散のルートを**標準偏差**と呼びます。式は次のとおりです。

標準偏差＝√分散

標準偏差のことを英語で、「standard deviation」と言います。頭文字をとって、「SD」と表記します。

> **MEMO** **Excelで、分散と標準偏差を計算する**
>
> 標準偏差を手作業で計算することはもちろんできますが、それはそれで大変な作業です。ここでもExcelで計算してみましょう。
>
> 平均を求めたときのデータ（→p.16）を使って、ワクワクバーガーの分散と標準偏差を計算します。
>
>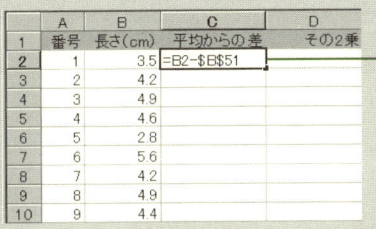
>
> ❶データと平均との差を求める。C2セルに「=B2-$B$51」と入力。B51は平均値が入っているセル（「$」マークについては後述）。
>
>
>
> ❷C2セルの計算式を、C3～C50セルにドラッグしてコピー。
>
> ここの■をドラッグ
>
>
>
> ❸平均との差を2乗する。D2セルに「=C2^2」と入力。「^2」は「2乗してね」という意味。同様にD2セルの計算式を、D3～D50セルにドラッグしてコピー。

1-3 ばらつきを数字にする（分散と標準偏差）

45	44	6.4	1.8285714	3.34367347
46	45	4.4	-0.1714286	0.02938776
47	46	3.6	-0.9714286	0.94367347
48	47	3.7	-0.8714286	0.75938776
49	48	4.2	-0.3714286	0.13795918
50	49	4.8	0.2285714	0.05224490
51	平均	4.57	2乗の合計	33.36
52			分散	0.68081633
53			標準偏差	0.82511595
54				

❹2乗の総和を求める。
D51セルに「=SUM(D2:D50)」と入力。SUMは合計を求める関数。

❺分散を求める。
D52セルに「=D51/49」または「=AVERAGE(D2:D50)」と入力。

❻標準偏差を求める。
D53セルに「=SQRT(D52)」と入力。SQRTは「ルートを求めてね」という意味。

・「$」マークについて

たとえば、C2セルの計算式「=B2-B51」をC3セルにコピーすると、計算式は「=B3-B52」に自動的に変わります。B2がB3に変わるのは構いませんが、B51がB52になるのは困ります。平均値が入っているのはB51で、B52には何も入っていないからです。

こんなとき、便利なのが$マークです。$マークを付けると、コピーしても計算式のセルが変わりません。つまり、「=B2-$B$51」とすると、B2はコピー先に合わせて変わりますが、B51はずっと変わらないわけです。

・分散や標準偏差を求める関数

平均を求める関数は「AVERAGE」でしたよね？ 実はExcelには、分散や標準偏差を一度で求める関数もあります。分散は「VARP」、標準偏差は「STDEVP」です。この例の場合は、分散は「=VARP(B2:B50)」、標準偏差は「=STDEVP(B2:B50)」となります。今回は考え方を学ぶために、あえて遠回りした手順を紹介しています。

【練習問題】

同じやり方で、モグモグバーガーのポテトの長さの分散と標準偏差を計算してみましょう。

分散と標準偏差を比較する

ワクワクバーガーとモグモグバーガー、それぞれのポテトの長さの分散と標準偏差は以下のとおりです。

・ワクワクバーガー　：　分散は0.68、標準偏差は0.83
・モグモグバーガー　：　分散は2.58、標準偏差は1.61

これを見ると、度数分布図でばらつきの大きかったモグモグバーガーのポテトの長さの分散と標準偏差は、ワクワクバーガーのものよりも大きいことがわかります。つまり、「度数分布図でのばらつきが大きければ、分散と標準偏差も大きくなる」という関係が成り立っていることが確認できます。

ついにポテトの謎が解けた!?

店長、わかりました。ワクワクバーガーとモグモグバーガーのポテトの長さの平均値はほぼ同じなんですけど、分散が違うんです。

ブンサン？　なんなの、それ？

分散というのは、データのちらばり具合を示す数値なんです。ワクワクバーガーのポテトの長さの分散は0.68で、モグモグバーガーのポテトの長さの分散は2.58でした。

それって、どういうことなの？

分散が大きいほど、データのばらつきが大きいんです。

つまり、モグモグバーガーのほうが、ポテトの長さのばらつきが大きいということ？

はい。モグモグバーガーは、長いポテトもあるけれども、短いポテトもあるということです。それに対して、ワクワクバーガーのポテトは分散が小さい、つまりばらつきが小さいので、全体的に平均値と同じくらいの長さなんです。

ふうん、なるほどね。分散でそんなことがわかるんだね。

はい。あのお客様はモグモグバーガーの長いポテトと比べたから、ワクワクバーガーのポテトが短く感じたんですよ。

　エミがポテトの謎を解いた後、しばらくしてまた例のお客さんがやってきました。エミはいまや胸を張って、ワクワクバーガーのポテトが特別に短くはないこと、また、長さも揃っていて品質は保証できるということを、伝えることができました。統計学のおかげで、エミは自信を持って対応することができたのです。

POINT

- あるデータの集団の代表の値として、平均値を用いることが多い。
  平均値＝データの総和÷データ数、である。
- 平均値に差がなくても、データのちらばり具合は異なることがある。
- データのちらばり具合を見るためには、度数分布図を描く。
- データのちらばり具合を示す数値として、分散や標準偏差を用いる。

今こそ知りたい偏差値の正体!

　度数分布図を描いてみると、平均値のあたりが一山になって盛り上がり、平均値から離れるにしたがってすそ野のようになだらかになるというパターンがよく見られます。こうした分布は、理想的には「正規分布」と呼ばれ、自然界や社会の中で数多く見ることができます。その形が釣り鐘に似ていることから「ベル・カーブ」と呼ばれることもあります。

　分布の形がだいたい正規分布にしたがっているときに、標準偏差を便利に使うことができます。平均値を中心にして標準偏差分だけ上下に離れた部分（つまり、「平均値−標準偏差」と「平均値＋標準偏差」で囲まれた部分）の面積は、全体の約68％になります。つまり、「平均値±標準偏差×1」で、全体の68％をカバーすることができるということです。68％では足りないというのであれば、標準偏差2つ分を上下に取ります。そうすると「平均値±標準偏差×2」で、全体の約95％をカバーできます。さらに、標準偏差3つ分を上下に取ると、全体の約99％がカバーできます。

　たとえば、あるクラスの生徒全員の身長について、平均値と標準偏差が計算されていれば、平均値±標準偏差の中に、クラスの68％が含まれることがわかります。さらに、平均値±標準偏差×2の中には、クラスの95％が含まれます。

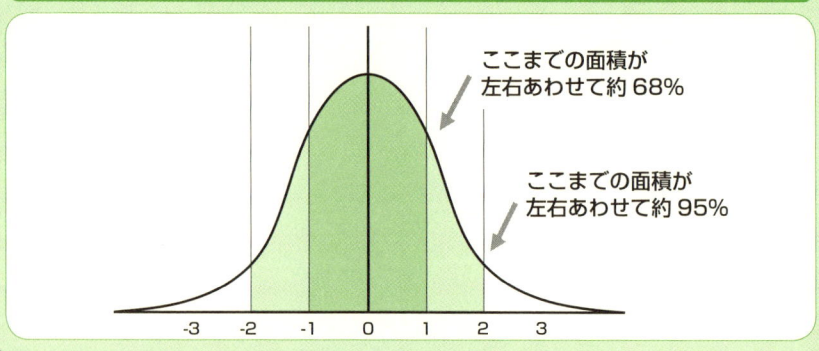

「平均値±標準偏差×1」で全体の68％、「平均値±標準偏差×2」で全体の95％

●偏差値は正規分布を前提としている

　大学受験の時によく耳にした「偏差値」という言葉がありますが、これはどういうものなのでしょうか。偏差値というのは、全体の分布を、平均値を50、標準偏差を10になるように変換したときの値です。

　全体の分布がどういうものであるかは、平均値と標準偏差によって知ることができます。しかし、自分の点数が全体のどの位置にあるのかを知るためには、自分の点数と全体の平均値・標準偏差を比較しなくてはなりません。そこで、全体の分布を、平均値を50、標準偏差を10になるように変換して偏差値としておけば、その偏差値が全体のどの位置にあるのかがすぐにわかるようになります。

　先で説明したように、「平均値±標準偏差×1」で、全体の68％をカバーしますので、偏差値では、50±10、つまり偏差値40～60で全体の約68％をカバーします。68％以外の部分は32％ですから、その半分の16％は偏差値60よりも高い人、同様に16％は偏差値40よりも低い人になります。つまり、偏差値60ということは、高い方から数えて16％くらいの位置にいるということになります。

　同様に、50±20、つまり偏差値30～70で全体の約95％をカバーします。偏差値70ということは、高い方から数えて2.5％（5％の半分）位の位置にいるということです。

確認テスト

 ある3つのクラスの算数の成績が、下表のようになった。

①それぞれの組で、成績の平均と分散と標準偏差を求めなさい。平均は、小数点第2位を四捨五入しなさい。分散と標準偏差は、小数点第3位を四捨五入しなさい。

②この結果から、それぞれのクラスの成績の特徴としてどのようなことが言えるか、クラス間で比較しながら説明しなさい。

学生番号	桜組	桃組	柳組
1	78	70	57
2	62	72	59
3	81	68	55
4	59	75	62
5	72	65	52
6	68	71	58
7	75	69	56
8	65	76	63
9	80	64	51
10	60	80	67
11	78	60	47
12	62	73	60
13	70	67	54

答えは ➡ p.164

第2章

ポテトの本数はどのくらい？

信頼区間

この章でわかること
- 母集団と標本
- 母集団の平均・分散と標本の平均・分散の関係
- 区間推定と信頼区間
- t分布

2-1 平均的な本数を推定する

お店全体のポテトの平均的本数について知りたい！ そんなことを言われても、お店のポテトをすべて、一本ずつ数えるわけにはいきません。いったいどうしたらよいのでしょう？ そこで、統計学の出番です。

● 長さじゃなくて、今度は本数!

ワクワクバーガーに、今日もこだわりのお客さんがやってきました。

 いらっしゃいませ。ご注文は？

 あのう、ポテト……。

 ポテトですね。Sサイズですか？ Mサイズですか？

> いや、あのう、ポテトの本数が気になるんです。

> えっ、本数？

> このSサイズのポテトには、何本のポテトが入っているんですか？

> うーん、数えて入れているわけではないので本数はわかりません。

> じゃあ、そのときによって多かったり、少なかったりするんですか？

> まあ、そういうこともあるかも（それを「ばらつき＝分散」っていうんだっけ）……。

> さっき数えたら49本あったんです。このポテトは、ほかの人のよりも少ないんですか？　だいたい、何本ポテトが入っているんですか？

> はい、はい、お客さん、大丈夫です。このエミちゃんがちゃんと調べますから。

> えぇぇっ、また私なの？

第2章 ポテトの本数はどのくらい？──信頼区間

● 母集団から標本を抽出する

困ったエミは、エビハラ先輩に相談しました。

> ポテトの本数が知りたいっていうお客さんがいるんですよ。

> ポテトの本数の平均値を求めればいいんじゃない？

> それはそうなんですけど、平均値を求めるには、店で売っている全部のポテトの本数を数えなければならないんですよ。そんなこと、できませんよ！

そういうときは、**無作為抽出**という方法を使うんだよ。

　エビハラ先輩の言う無作為抽出とは何でしょうか。例えば、このお店で作られるすべてのポテトについて知りたいとします。このとき、「このお店で作られるすべてのポテト」のことを**母集団**と呼びます。しかし、たいていの場合は、母集団は数が多すぎるので、全部を調べるわけにはいきません。そこで、図2-1-1のように母集団の中から限られた数のデータを取ってきます。

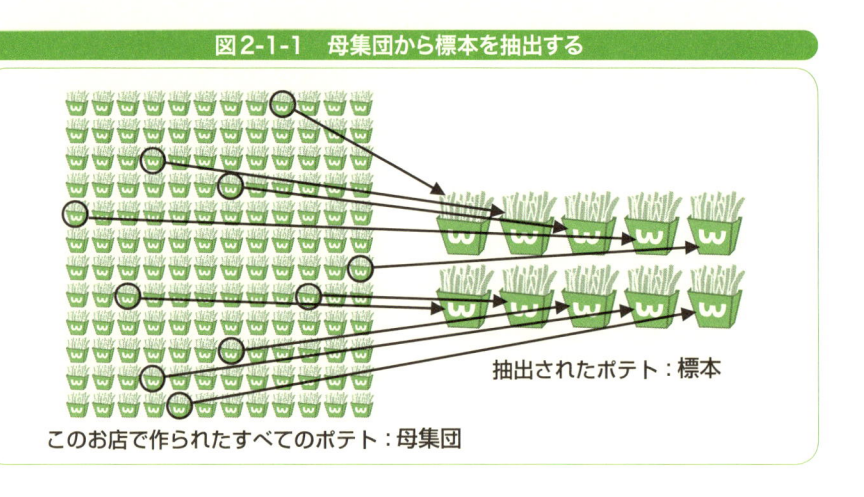

図2-1-1　母集団から標本を抽出する

抽出されたポテト：標本

このお店で作られたすべてのポテト：母集団

　こうしてデータを取ってくることを**抽出**（あるいは**サンプリング**）と呼びます。また、母集団の中から抽出したデータを**標本**と呼びます。標本の中のデータの数を**サンプルサイズ**あるいは**標本の大きさ**と呼びます。

　標本を抽出するときには、**無作為**に（ランダムに）抽出することが重要です。例えば、このお店の開店時間から10個連続で標本を抽出したとすると、それはかなり偏ったものになることが予想されます。無作為に標本を抽出するためには、例えば1時間ごとに1つの標本を取り出したり、50個おきに1つの標本を取り出したりします。乱数表やサイコロなどを使うこともあります。乱数表とは、たくさんの数字を縦横不規則に並べた表のことです。こうして無作為に行われた抽出を**無作為抽出**（ランダムサンプリング）と呼びます。

👧 ふうん、無作為抽出ね。じゃあ、ワクワクバーガーでポテトを買った人を1時間ごとに1人選んで、ポテトの本数を数えさせてもらえばいいんですか？

👨 そう。とりあえず10人選んでよ。

👧 その10人が標本になるわけですね。ということは、サンプルサイズは10？

👨 そのとおり！

表2-1-2は、エミが無作為抽出したデータです。このデータからエミが計算したところ、平均は49.2、分散が3.16、標準偏差が1.78となりました。

表2-1-2　ワクワクバーガーのポテトの本数（サンプルサイズ=10）

No	1	2	3	4	5	6	7	8	9	10
本数	47	51	49	50	49	46	51	48	52	49

MEMO　Excelで標本の平均、分散、標準偏差を計算

表2-1-2をもとに、自分で標本の平均、分散、標準偏差を計算してみましょう。入力した式を別のセルにコピーするやり方を覚えていますか？（忘れてしまった人は→p.25）

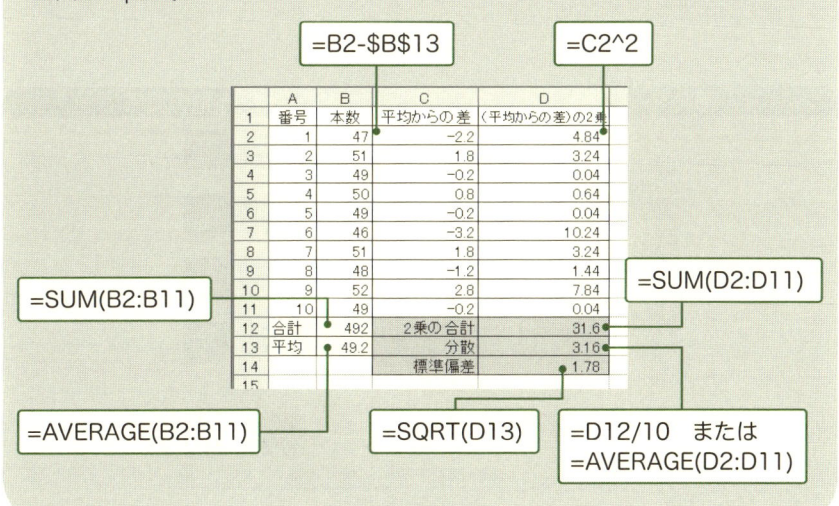

	A	B	C	D
1	番号	本数	平均からの差	（平均からの差）の2乗
2	1	47	−2.2	4.84
3	2	51	1.8	3.24
4	3	49	−0.2	0.04
5	4	50	0.8	0.64
6	5	49	−0.2	0.04
7	6	46	−3.2	10.24
8	7	51	1.8	3.24
9	8	48	−1.2	1.44
10	9	52	2.8	7.84
11	10	49	−0.2	0.04
12	合計	492	2乗の合計	31.6
13	平均	49.2	分散	3.16
14			標準偏差	1.78

- C2: =B2-$B$13
- D2: =C2^2
- B12: =SUM(B2:B11)
- D12: =SUM(D2:D11)
- B13: =AVERAGE(B2:B11)
- D14: =SQRT(D13)
- D13: =D12/10 または =AVERAGE(D2:D11)

第2章　ポテトの本数はどのくらい？―信頼区間

2-1 平均的な本数を推定する

2-2 母集団の平均と分散を推定する

標本から推定する方法

> 先輩、標本の平均は49.2本でした。でも、これをお店全体のポテトの平均とみなしていいんでしょうか？ たった10個しか調べてないんですよ。

> それを考えるには、母集団の平均・分散と、標本の平均・分散との間に、どのような関係があるのかを知っておく必要があるんだよ。

先ほどエミは10個のポテトを無作為抽出しました。これを標本1とします。この標本1の平均と分散をそれぞれ標本平均1、標本分散1とします。

この無作為抽出を何回も繰り返したとしましょう。2回目もまた別の10個のポテトを無作為に抽出して、平均と分散を計算します。それを標本平均2、標本分散2としておきます。このようなことを何回も繰り返すわけです。

そうすると、図2-2-1のように、標本がたくさんでき、それぞれ標本ごとに標本平均と標本分散を求めることができます。

図2-2-1 母集団の平均・分散と、標本の平均・分散の関係

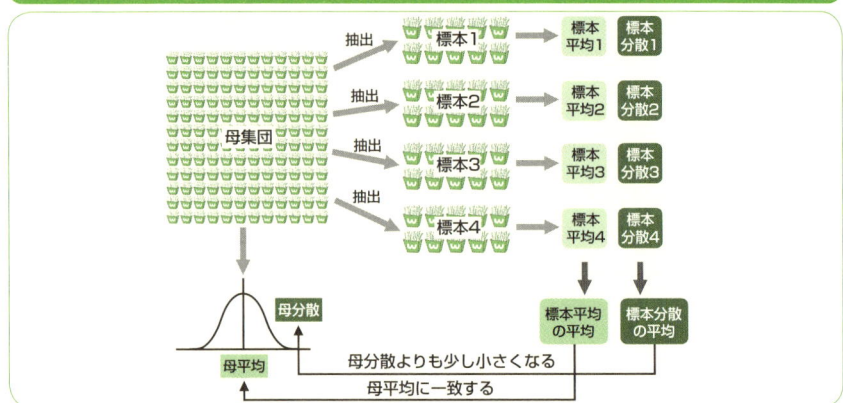

母集団 → 抽出 → 標本1 → 標本平均1　標本分散1
　　　　　抽出 → 標本2 → 標本平均2　標本分散2
　　　　　抽出 → 標本3 → 標本平均3　標本分散3
　　　　　抽出 → 標本4 → 標本平均4　標本分散4

母平均　母分散
標本平均の平均　標本分散の平均
母分散よりも少し小さくなる
母平均に一致する

標本平均1、標本平均2、標本平均3……は、それぞれ抽出したデータが異なるので、必ずしも同じ値にはなりません。しかし、これらの標本平均を平均すると、数学的には母集団の平均（**母平均**）に等しくなるのです。

　では、標本分散はどうでしょう？　標本分散の平均も、母集団の分散（**母分散**）に等しくなりそうな気がしますね。しかし、こちらを計算してみると、標本分散の平均と母分散とは等しくならないのです。標本分散の平均は、母分散よりも少し小さな値になります。

　そこで、標本分散の平均と母分散のズレを埋めるために、母分散の推定値として次のようなものが考えられました。これを**不偏分散**と呼びます。

不偏分散＝（(データ−平均値)²）の総和÷（サンプルサイズ−1）

　この不偏分散を「母分散の推定値」として使います。

　ところで、この数式、なにかに似ていませんか？　これは以前に出てきた分散の式の「サンプルサイズ」の部分を「サンプルサイズ−1」にしたものです。分散の式は次のようなものでしたね。

分散＝（(データ−平均値)²）の総和÷サンプルサイズ

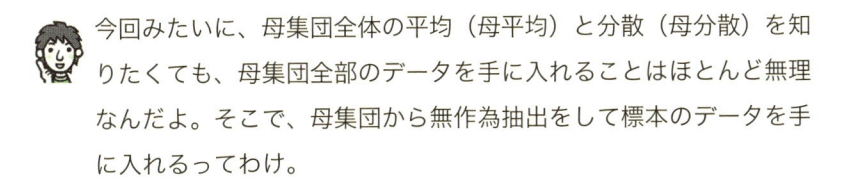

　今回みたいに、母集団全体の平均（母平均）と分散（母分散）を知りたくても、母集団全部のデータを手に入れることはほとんど無理なんだよ。そこで、母集団から無作為抽出をして標本のデータを手に入れるってわけ。

　そうやって手に入れた標本の平均値は、母平均の推定値として使ってもいいんですね。ということは、さっき私が計算した標本の平均値49.2本は、母平均の推定値になるわけですね。

　そうだよ。

　そして、母分散の推定値には、標本の不偏分散を使うんですね。

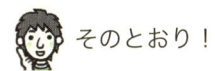

　そのとおり！

MEMO — Excelで母分散を推定

先ほどの10個の標本データをもとにして、母分散を推定してみましょう。

	A	B	C	D
1	番号	本数	平均からの差	(平均からの差)の2乗
2	1	47	−2.2	4.84
3	2	51	1.8	3.24
4	3	49	−0.2	0.04
5	4	50	0.8	0.64
6	5	49	−0.2	0.04
7	6	46	−3.2	10.24
8	7	51	1.8	3.24
9	8	48	−1.2	1.44
10	9	52	2.8	7.84
11	10	49	−0.2	0.04
12	合計	492	2乗の合計	31.6
13	平均	49.2	分散	3.16
14			標準偏差	1.78
15			不偏分散	3.51

不偏分散は、2乗の合計を(サンプルサイズ−1)で割ったものだから、計算式は =D12/(10-1) となる

● 推定値はわかったが……

母平均と母分散の推定値を計算したエミは、さっそく店長に報告しました。

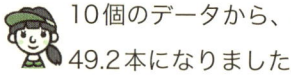

> 10個のデータから、このお店のポテトの本数の平均を推定すると、49.2本になりました。お客さんが買ったポテトの本数は49本だったので、これはまあまあ平均的なポテトだということができますね。

> へぇ。全部のポテトの本数を調べなくても、その平均値がわかるんだ。すごいねえ、統計学ってのは。

> 平均値だけでなくて分散も推定できるんですよ。母分散の推定値は、不偏分散＝31.6÷(10−1)を計算して3.51です。

> ふうん。しかし、全体のポテトから見れば、たった10個のポテトのデータなのに、そこから全体の平均値がわかってしまうなんて、不思議だよね。さっき、49.2本って言ったけど、それが全体のポテトの平均値にぴったり一致するの？

> ぴったり一致か。そういわれればそうですね。どうなんだろう？

2-3 区間推定と信頼区間

● ここからここまでに入ってる……という推定

店長から質問されて、エミはまたまた悩んでしまいました。

> 先輩、標本平均は母平均にぴったり一致しているんですか？

> いや、標本平均は母平均にぴったり一致しているわけじゃないよ。あくまでも推定値さ。

> 一致しないのかぁ。

> うん。例えば、母集団に1000個のデータがあったとする。そこから10個のデータを選んだとき（サンプルサイズ10）と、500個のデータを選んだとき（サンプルサイズ500）を考えてみて。

> それはやっぱり10個分の平均よりも、500個分の平均のほうが母集団の平均（母平均）に近くなると思います。

> そうだよね。サンプルサイズが小さければ、標本平均と母平均が離れている可能性が高くなるだろうし、逆に、サンプルサイズが大きければ、標本平均と母平均とが近くなるだろうね。

> 確かに……でも、500個のポテトの本数なんか数えるのイヤ……。

> エミちゃん、がっかりしないでよ。母平均をぴったり言い当てることはできないけれど、標本から「母平均はこの値からこの値までに入っているよ」ということは言えるよ。

エビハラ先輩が言っているのは**区間推定**と呼ばれるものです。つまり、「標本から推定すると、母平均はこの値からこの値までの間に入るのではないか」という形で推定を行うのです。

● 区間推定の考え方

区間推定の考え方を説明していきましょう。まずポテトの母集団の分布を考えます。この分布が**正規分布**にしたがっているとします。正規分布というのは、図2-3-1のように平均を山の中心として左右になめらかに広がった「つりがね型」をした分布で、自然界一般に見られる分布とされています。

図2-3-1　ポテトの母集団は正規分布にしたがっているとする

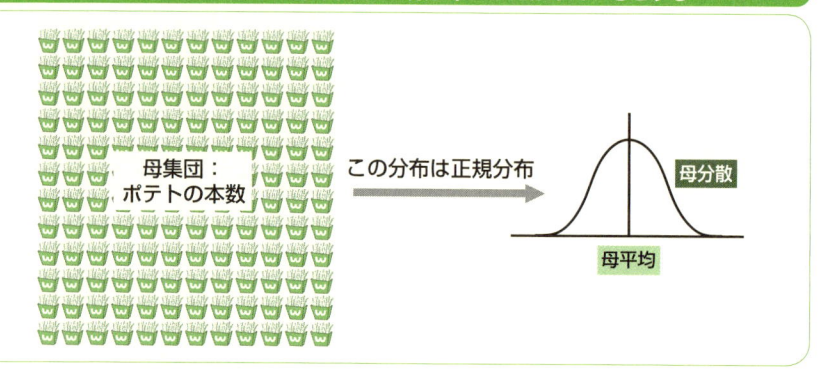

次に、図2-3-2のように、サンプルサイズを10として、母集団から10個のデータを抽出します。この平均を計算して、それを標本平均1とします。標本を戻して、もう一度10個のデータを抽出します。その平均を標本平均2とします。この作業を何回も繰り返します。

そうすると、図2-3-2のように、標本平均がたくさん求められます。これらの標本平均の分布を描いてみると、これも正規分布になります。このとき、標本平均の平均値は母平均に一致します。また、標本平均の分散は母分散の「(サンプルサイズ)分の1」になります。図2-3-2では、サンプルサイズは10なので、標本平均の分散は母分散の10分の1になります。

図2-3-2 母集団の分布と標本平均の分布

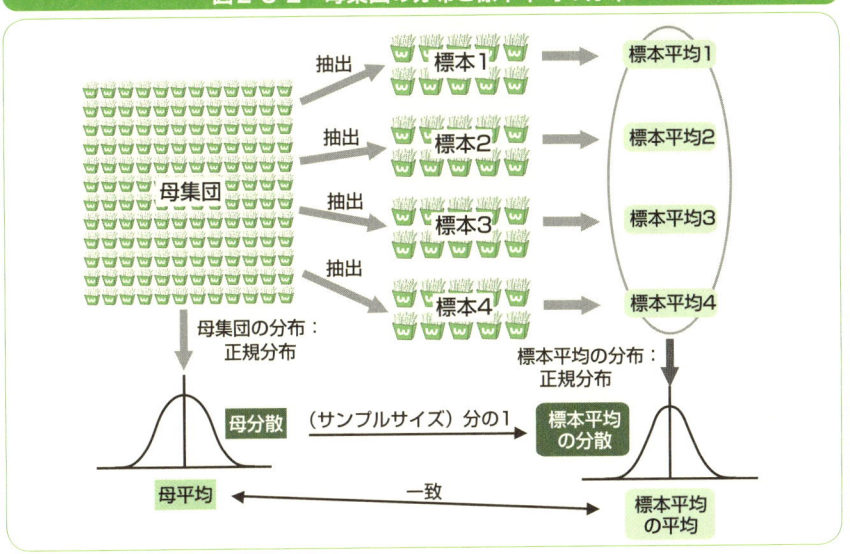

前節で、エミはサンプルサイズ10の標本を抽出し、標本平均を計算しました。標本平均は49.2本でした。この値は図2-3-3の、母集団の分布図の矢印の範囲内に大体入ります。もちろん平均に近い値になることが多く、それから外れた裾野のほうの値になることはめったにありません。

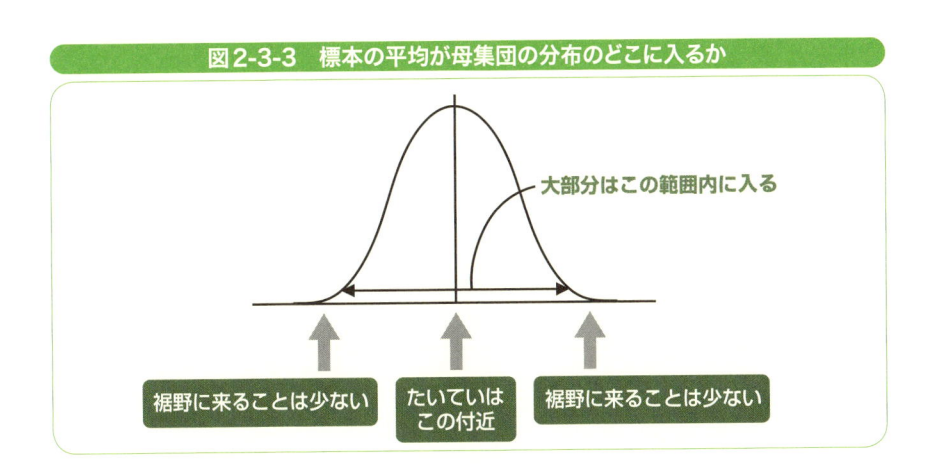

図2-3-3 標本の平均が母集団の分布のどこに入るか

ここまで、標本を何回も抽出することを考えてきましたが、通常私たちが標本を抽出するのは1回限りです。そこで、1回限りの標本を抽出したときに、「標本平均が、推定したい母平均を含んでいるような範囲はどこからどこまでなのか」ということを考えます。

　少しわかりにくいでしょうか？　では、図2-3-4を見てください。標本平均が母平均から少しずれていますね。しかし、標本平均を中心として左右に矢印の範囲を指定すれば、その範囲内に母平均を含んでいることになります。

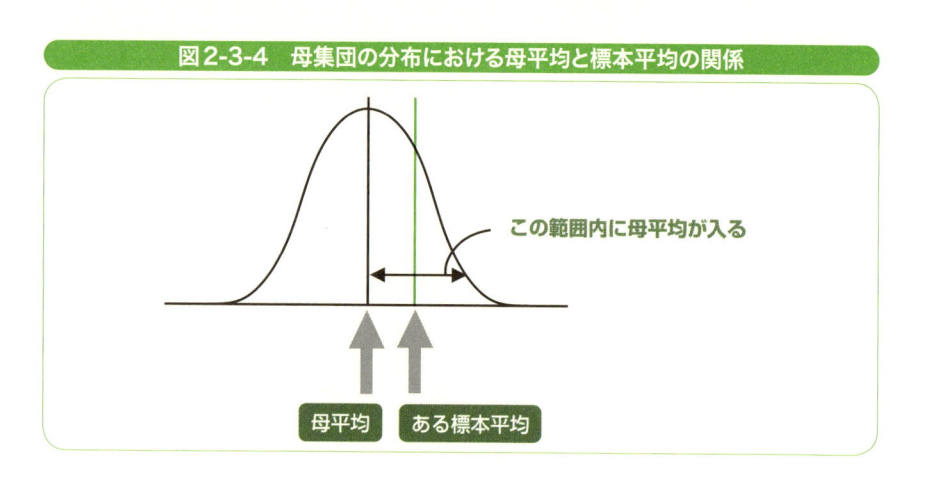

図2-3-4　母集団の分布における母平均と標本平均の関係

この範囲内に母平均が入る

母平均　ある標本平均

　問題は、この矢印の範囲を、どのような範囲にすればいいかということです。統計学では、伝統的に「95％の確率で母平均が含まれるような範囲」を使います。もっと厳しくしたいときには「99％の確率で母平均が含まれるような範囲」を使います。これをそれぞれ**95％信頼区間**、**99％信頼区間**と呼びます。

　それでは、95％信頼区間はどのようにして求めればよいのでしょうか？

　図2-3-5のように、母平均から標本平均を左右にずらしていきます。左右の標本平均で囲まれた部分の面積が全体の95％になるまでずらしていきます。そのとき、その標本平均から母平均までの差を取り、それを標本平均の範囲（図2-3-5の矢印の範囲）とすれば、その範囲に母平均が含まれる確率がちょうど95％になります。この原理で、95％信頼区間を求めます。

図2-3-5　95%信頼区間の意味

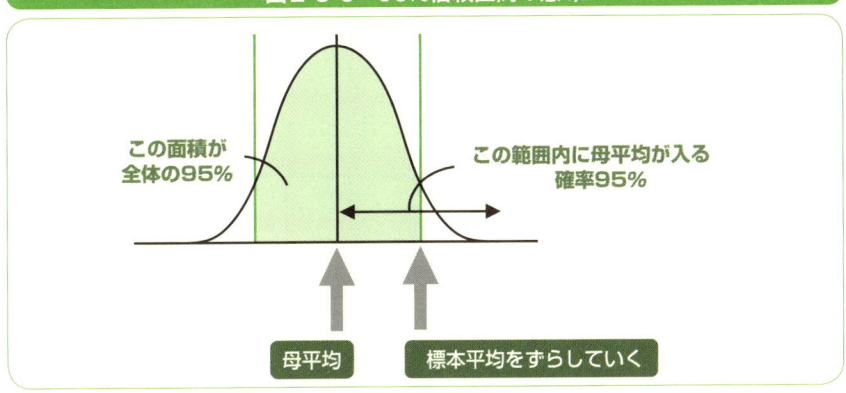

この面積が全体の95%
この範囲内に母平均が入る確率95%
母平均
標本平均をずらしていく

● 信頼区間の求め方

　実際に信頼区間を計算していきましょう。まず、母平均の推定値として、標本平均を使います。次に、標本平均の分布の分散の推定値として、母分散をサンプルサイズで割ったものを使います。ここで、母分散は不偏分散で推定します。つまり、次のようになります。

　　標本平均の分散＝（母分散÷サンプルサイズ）
　　　　　　　　　＝（不偏分散÷サンプルサイズ）

　　標本平均の標準偏差（標準誤差）＝$\sqrt{不偏分散÷サンプルサイズ}$

　標本平均の標準偏差を**標準誤差**（SE＝standard error）と呼びます。
　さて、これで信頼区間を求めることができます。信頼区間の数式は以下のとおりです。

　　信頼区間＝標本平均±t×標準誤差

　「t」は、信頼区間で決められた分布の面積が95％になるような数値です。この「t」の具体的な値を決めるために、正規分布に似た、つりがね型の**t分布**を使います。t分布はサンプルサイズによって少しずつ形が変わります。

図2-3-6 サンプルサイズが10のときのt分布

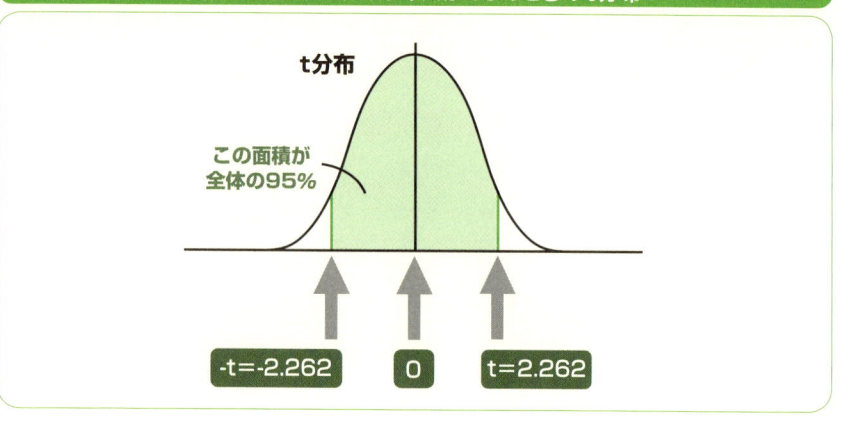

t分布

この面積が全体の95%

-t=-2.262   0   t=2.262

サンプルサイズが10のときのt分布は図2-3-6のようになります。ここで面積が95%になるようなtの値を決めます。

図2-3-6が示すように、−tからtまでで挟まれた面積が全体の95%になります。なお、tの値は、あらかじめ用意されたt分布表（後述→p.49）を使って調べることができます。サンプルサイズ10のとき、−tからtまでで挟まれた面積が全体の95%になるようなtの値は2.262になります。

MEMO Excelで信頼区間を計算

エミが抽出した標本（サンプルサイズ10）を使って、Excelで信頼区間を計算してみましょう。

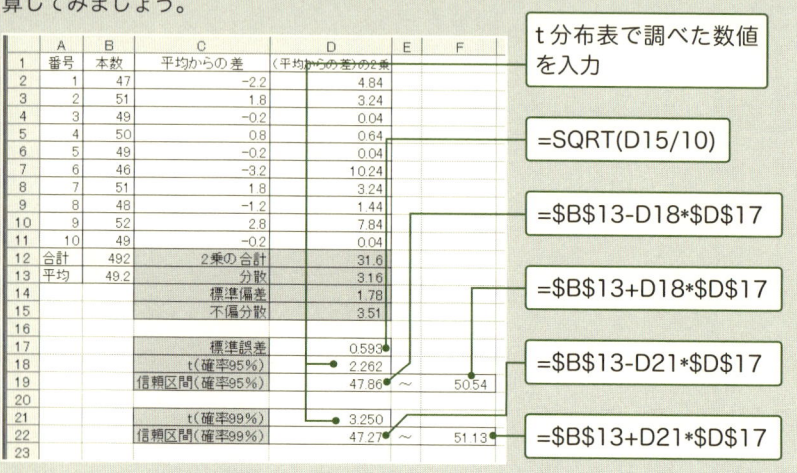

	A	B	C	D	E	F
1	番号	本数	平均からの差	（平均からの差）の2乗		
2	1	47	-2.2	4.84		
3	2	51	1.8	3.24		
4	3	49	-0.2	0.04		
5	4	50	0.8	0.64		
6	5	49	-0.2	0.04		
7	6	46	-3.2	10.24		
8	7	51	1.8	3.24		
9	8	48	-1.2	1.44		
10	9	52	2.8	7.84		
11	10	49	-0.2	0.04		
12	合計	492	2乗の合計	31.6		
13	平均	49.2	分散	3.16		
14			標準偏差	1.78		
15			不偏分散	3.51		
16						
17			標準誤差	0.593		
18			t（確率95%）	2.262		
19			信頼区間（確率95%）	47.86	～	50.54
20						
21			t（確率99%）	3.250		
22			信頼区間（確率99%）	47.27	～	51.13
23						

- t分布表で調べた数値を入力
- =SQRT(D15/10)
- =$B$13-D18*$D$17
- =$B$13+D18*$D$17
- =$B$13-D21*$D$17
- =$B$13+D21*$D$17

また、99％の場合は3.250になります。これで信頼区間の計算ができます。

・95％信頼区間
 信頼区間＝標本平均49.2±tの値2.262×標準誤差$\sqrt{3.51\div10}$
 　　　　＝49.2±2.262×0.593
 　　　　＝47.86〜50.54

・99％信頼区間
 信頼区間＝標本平均49.2±tの値3.250×標準誤差$\sqrt{3.51\div10}$
 　　　　＝49.2±3.250×0.593
 　　　　＝47.27〜51.13

　47.86から50.54が95％信頼区間になります。この意味は、「母平均が95％の確率で47.86から50.54までの間に含まれる」ということです。また、47.27から51.13が99％信頼区間になります。すなわち、「母平均が99％の確率で47.27から51.13までの間に含まれる」ということです。
　さて、エミは計算結果を持って、再び店長に報告しに行きました。

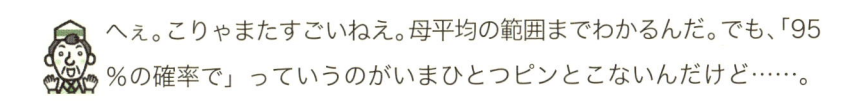

> サンプルサイズ10の標本からこのお店全体のポテトの本数の平均を推定すると、49.2本になりました。もちろんこれは推定値なので、ぴったりこの値になるとは限りません。そこで95％の確率で母平均を含んでいるような範囲を計算しました。それは、47.86本から50.54本の間だということがわかりました。

> へぇ。こりゃまたすごいねえ。母平均の範囲までわかるんだ。でも、「95％の確率で」っていうのがいまひとつピンとこないんだけど……。

> 95％の確率で母平均がこの範囲にあるということは、5％の確率で、母平均がこの範囲の外にある場合もあるということです。しかし、それは5％の確率でしか起こらないわけですからめったには起こりません。そこで、95％の確率でよしとしようということです。

> 5%の確率ということは、20回に1回はハズレになるということ？

> そうです。ハズレになる確率をもっと低くしたいという要望があれば、99%を基準に取ることもできます。その場合は100回に1回しかハズレになりません。ですから、より堅実に母平均の入りそうな範囲を推定することができます。

● t分布表と自由度

t分布について、もう少し詳しく見ていきましょう。

t分布は正規分布に似たつりがね型の分布ですが、サンプルサイズによ

図2-3-7　正規分布とt分布の比較

- 正規分布
- サンプルサイズが大きいときのt分布
- サンプルサイズが小さいときのt分布

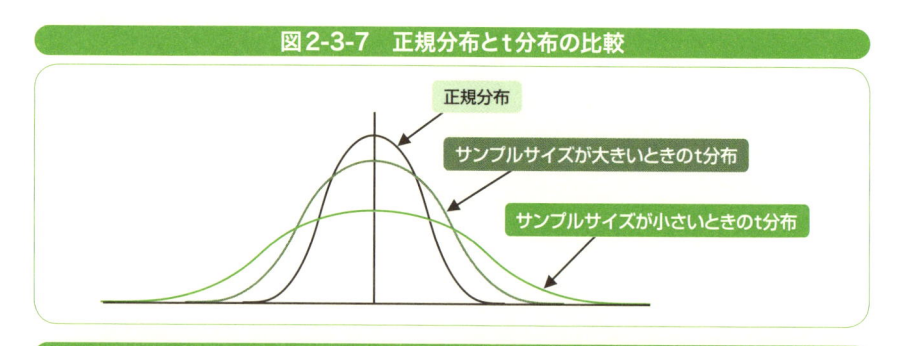

表2-3-8　t分布表

自由度	確率95%	確率99%	自由度	確率95%	確率99%
1	12.706	63.657	18	2.101	2.878
2	4.303	9.925	19	2.093	2.861
3	3.182	5.841	20	2.086	2.845
4	2.776	4.604	21	2.080	2.831
5	2.571	4.032	22	2.074	2.819
6	2.447	3.707	23	2.069	2.807
7	2.365	3.499	24	2.064	2.797
8	2.306	3.355	25	2.060	2.787
9	2.262	3.250	26	2.056	2.779
10	2.228	3.169	27	2.052	2.771
11	2.201	3.106	28	2.048	2.763
12	2.179	3.055	29	2.045	2.756
13	2.160	3.012	30	2.042	2.750
14	2.145	2.977	40	2.021	2.704
15	2.131	2.947	60	2.000	2.660
16	2.120	2.921	120	1.980	2.617
17	2.110	2.898	∞	1.960	2.576

って少しずつ形が違っています。図2-3-7を見てわかるようにサンプルサイズが小さいときは、正規分布よりも平べったい形になります。逆にサンプルサイズが大きいときは正規分布に近づいていきます。サンプルサイズが無限大のとき、正規分布に一致します。

　信頼区間を計算するためには、サンプルサイズに応じてt分布の95％と99％の値を知る必要があります。そこで表2-3-8のようなt分布表がよく使われます。

　この表で**自由度**というのは、サンプルサイズから1を引いたものです。例えばサンプルサイズが10のとき、自由度は9になります。

　なお、この表に自由度が見あたらないときは、近い自由度の値を使ってください。例えば、自由度32であれば、近い自由度である30を使います。実用上はそれで問題はありません。

　また、300や500というような大きな自由度のときは「∞（無限大）」の値を使ってください。

POINT

- それについて知りたいと思う、全体のデータを母集団という。
- 母集団からいくつか取り出したデータを標本という。
- 標本内のデータの数をサンプルサイズという。
- よい標本を取り出すためには、無作為（ランダム）に抽出することが必要。
- 母平均は標本の平均で推定できる。
- 母分散は標本の不偏分散で推定できる。
- 不偏分散＝((データ−平均値)^2)の総和÷(サンプルサイズ−1)
- 母平均が95％の確率で含まれているような範囲を95％信頼区間という。
- 信頼区間＝標本平均±t×標準誤差
- 標本平均の標準偏差(標準誤差)＝$\sqrt{\text{不偏分散} \div \text{サンプルサイズ}}$
- tの値は、確率(95％や99％)と自由度によって変わるので、t分布表を見る。
- サンプルサイズから1を引いたものを自由度という。

column コラム

選挙速報は開票率1%でなぜ当たるのか？

　選挙速報を見ていると、開票率1%でも「当選確実」が打たれることがあります。全体のたった1%の情報で、当選か落選かを予測することができるのは、なぜなのでしょうか。

　第2章では、標本データによって、その標本が取られた元の母集団の平均や分散を推定できることを習いました。さらには、母集団の平均が高い確率（95%や99%）で入るような範囲を信頼区間として求めることもできました。これと同様の原理を使えば、1%の標本データから全体の情報を推測することもできるわけです。したがって、開票率1%であっても、開票結果の推測が適切にできることは不思議ではありません。

● **無作為抽出であることが重要**

　ただし、こうした推測を正確に行うためには、標本を無作為に取ってくることが条件です。選挙の場合は、都市部と農村部とでは、開票の開始時刻やスピードが違います。一部の開票データが集まったからといって、それは無作為に取られた標本とは言えません。したがって選挙速報では、単純な推定ではなく、あらかじめ都市部と農村部における投票傾向の違いを勘案した上での複雑な推測が行われます。

　最近では、出口調査というものが行われています。これは投票を済ませた人に対して質問をして、どの候補者、あるいはどの政党に票を入れたかを尋ねるものです。もし出口調査を行う場所が、適切にランダムサンプリングされていれば、かなりの正確性を持って当選がどうかを推測することができるでしょう。もちろん、出口調査に答える人が、正直に自分の入れた票を報告してくれることが条件になりますが。

確認テスト

問題 全国の小学校で5年生を対象とした算数の共通テストをおこなった。受験した人数が膨大であるため、500人分のデータを選んで統計処理をすることにした。

① a. 受験した全員のデータのことを統計学の言葉で何と呼ぶか。
   b. 統計処理をする500人分のデータのことを、統計学の言葉で何と呼ぶか。
   c. 500人分のデータをでたらめに選ぶことを、統計学の言葉で何と呼ぶか。
   d. 500人分のデータをでたらめに選ぶと、だいたいどのような度数分布の形をすると予想できるか。

② 500人分のデータは、平均が65、不偏分散が60であった。95%信頼区間と99%信頼区間を求めなさい(小数点第3位を四捨五入)。

③ この2つの信頼区間の値は、それぞれどのようなことを意味するかを普通のことばで説明しなさい。

▼参考:t分布表

自由度	確率95%	確率99%	自由度	確率95%	確率99%
1	12.706	63.657	18	2.101	2.878
2	4.303	9.925	19	2.093	2.861
3	3.182	5.841	20	2.086	2.845
4	2.776	4.604	21	2.080	2.831
5	2.571	4.032	22	2.074	2.819
6	2.447	3.707	23	2.069	2.807
7	2.365	3.499	24	2.064	2.797
8	2.306	3.355	25	2.060	2.787
9	2.262	3.250	26	2.056	2.779
10	2.226	3.169	27	2.052	2.771
11	2.201	3.106	28	2.048	2.763
12	2.179	3.055	29	2.045	2.756
13	2.160	3.021	30	2.042	2.750
14	2.145	2.977	40	2.021	2.704
15	2.131	2.947	60	2.000	2.660
16	2.120	2.921	120	1.980	2.617
17	2.110	2.898	∞	1.960	2.576

答えは➡ p.164

第3章
ライバル店と売り上げを比較
カイ2乗検定

この章でわかること
- 仮説検定の考え方
- 帰無仮説と対立仮説
- 観測度数と期待度数
- カイ2乗値とカイ2乗分布
- 有意水準

3-1 まずは「差はない」と考える（帰無仮説）

ワクワクバーガーのチキンは、ポテトよりも売れていない。ひょっとしたら、あのモグモグバーガーよりも売れていないのかも……。ときどき弱気になりがちな店長の心配を、エミが統計学を使って調べます。

● チキンの売り上げが少ない？

最近、ワクワクバーガーの店長は悩み事があるらしく、浮かない顔をしています。

> 店長、元気ないですね。どうかしたんですか？

> うちの店では、ポテトの売り上げは上々で、かなりいいんだ。でも、それに比べると、フライドチキンの売り上げはイマイチなんだよねぇ。

そう言われれば、そうですね。でも、うちはハンバーガー屋だし、フライドチキンの売り上げがポテトより少ないのは当たり前でしょ。モグモグバーガーも、フライドチキンはあんまり売れていないんじゃないですか？

そうかなぁ。本当にそう思う？

たぶん……。

ねぇ、エミちゃん、得意の統計学で調べてくれないかな？

な、何をですか？（得意なのはエビハラ先輩なんだけど……）

うちのフライドチキンは、モグモグバーガーと比べて、本当に売れていないのかどうかを調べてほしいんだ。お願い！

ふぇーん、またですかぁ……。

ポテトとチキンの売り上げを調べる

エミは、ワクワクバーガーとモグモグバーガーの、ポテトとチキンの1日の売り上げ個数を調べることにしました。その結果は表3-1-1のようになりました。

表3-1-1　ワクワクバーガーとモグモグバーガーの、ポテトとチキンの売り上げ個数

お店	ポテト	チキン	合計
ワクワクバーガー	435	165	600
モグモグバーガー	265	135	400

この表によると、ワクワクバーガーのチキンの売り上げ個数は165個で、それに対してモグモグバーガーのチキンの売り上げ個数は135個でした。しかし、このチキンの売り上げ個数だけを単純に比べても、両店に違いがあるかどうかはわかりません。なぜなら、両店の全体の売り上げ個数が違

うからです。

　そこで、ハンバーガーショップの定番商品であるポテトの売り上げ個数を基準にして、比べることにします。計算式は以下のとおりです。

チキンのポテトに対する割合
　＝チキンの売り上げ個数÷ポテトの売り上げ個数

・ワクワクバーガー　　　165÷435≒0.38
・モグモグバーガー　　　135÷265≒0.51

　ワクワクバーガーは約4割で、モグモグバーガーは約5割か。ということは、ワクワクバーガーはモグモグバーガーよりもチキンが売れていないってことか。

　ちょっと、待ったぁ！

　うわぁ、エビハラ先輩、な、なんですか、いきなり！

　統計学ではそうはいかないんだよ、エミちゃん。まず「仮説」を立てるんだよ。

はじめに仮説を立てる

　統計学では、まず**仮説**を立てるところから出発します。仮説とは、「○○である」ということを、仮に立てたものです。そのあとで、それを肯定するか、あるいは否定するかを決めるのです。ここでは、次の仮説を立ててみました。

【仮説】モグモグバーガーとワクワクバーガーの間では、ポテトとチキンの売り上げの割合に差はない

> 「差はない」ってヘンじゃないですか？「ワクワクバーガーと差があるかどうか」を知りたいんですよ。「差はある」という仮説を立てるのが普通だと思うけど……。

> 確かにね。だけど、統計学では、あえて「差はない」という仮説を最初に立てるんだ。これを**帰無仮説**というんだよ。

なぜ、「差はない」という帰無仮説を最初に立てるのでしょうか？

「差はある」という仮説は、「大きな差がある」「小さな差がある」「中位の差がある」など、無限に立てられます。そのひとつひとつについて検討するのは事実上不可能です。それに対して、帰無仮説の「差はない」というのは、これ以外の形はありません。ですから、これを肯定するか、否定するかを決めればよいことになり、単純になります。

仮説を肯定することを**採択**する、否定することを**棄却**するといいます。もし帰無仮説が採択されれば、「差はない」と結論します。反対に、もし帰無仮説が棄却された場合は、「差はない、とは言えない」つまり「差はある」と結論されることになります。帰無仮説の反対の仮説のことを、**対立仮説**と呼びます。対立仮説は、帰無仮説が棄却されたときに採択される仮説で、「差はないとは言えない、つまり差はある」という形です。

まとめると、図3-1-2のような流れになります。

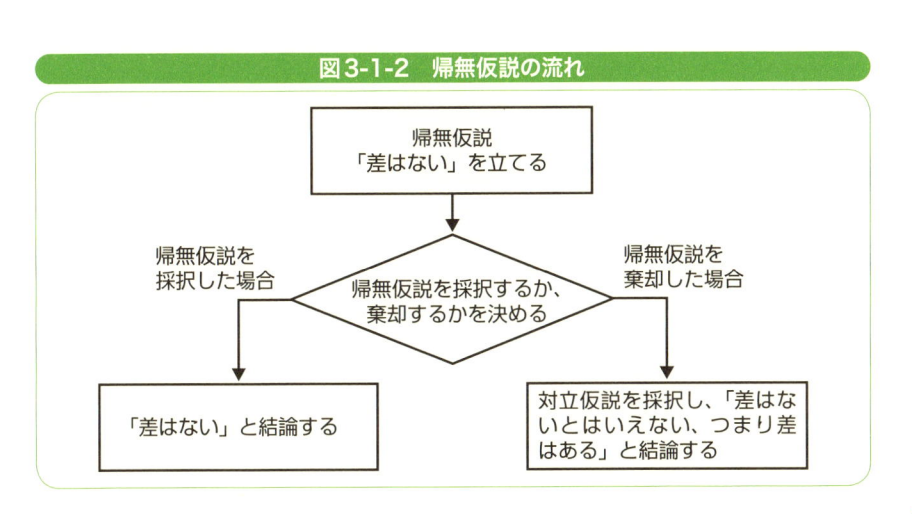

図3-1-2　帰無仮説の流れ

```
        帰無仮説
      「差はない」を立てる
            │
            ▼
      帰無仮説を採択するか、
      棄却するかを決める
     ／              ＼
帰無仮説を          帰無仮説を
採択した場合        棄却した場合
   │                  │
   ▼                  ▼
「差はない」と      対立仮説を採択し、「差はな
結論する            いとはいえない、つまり差
                    はある」と結論する
```

第3章　ライバル店と売り上げを比較 ── カイ2乗検定

3-1　まずは「差はない」と考える（帰無仮説）

仮説を検討してみよう

帰無仮説として「売り上げの割合に差はない」という仮説を立てます。「ワクワクバーガーもモグモグバーガーも、ポテトとチキンがまったく同じ割合で売れる」としたときの、売り上げ個数を出してみましょう。そこで、帰無仮説による個数と実際の個数がそれほど変わらなければ、帰無仮説を採択し、差はないと結論することになります。

ポテトとチキンが同じ割合で売れるとしたら？

ここからは表が続くので、Excelをお持ちの方は、データを入力しながら読むのもよいでしょう。お手元にExcelのない方でも問題なく計算結果が追えるように解説しますので、一つずつじっくり理解していきましょう。

それでは、ワクワクバーガーとモグモグバーガーの1日のポテトとチキンの売り上げ個数の表を見ていきましょう。

表3-1-3　ワクワクバーガーとモグモグバーガーの、ポテトとチキンの売り上げ個数

	ポテト	チキン	合計
ワクワクバーガー	435	165	600
モグモグバーガー	265	135	400
合計	700	300	1000

表3-1-3によると、両店のポテトの合計は700個、チキンの合計は300個、総合計は1000個になっています。すなわちポテトは全体の7割、チキンは全体の3割ということになります。この結果をもとにして、それぞれの店のポテトとチキンも同じ割合で売れるとしたときの個数を計算します。計算式は次のとおりです。

ワクワクバーガーのポテトとチキンの合計は600なので、
- ワクワクバーガーのポテト　　$600 \times 0.7 = 420$
- ワクワクバーガーのチキン　　$600 \times 0.3 = 180$

モグモグバーガーのポテトとチキンの合計は400なので、
- モグモグバーガーのポテト　　$400 \times 0.7 = 280$
- モグモグバーガーのチキン　　$400 \times 0.3 = 120$

これを表にまとめてみましょう。

表3-1-4　同じ割合で売れるとしたときの売り上げ個数の表を追加

▼実際の売り上げ個数

	ポテト	チキン	合計
ワクワクバーガー	435	165	600
モグモグバーガー	265	135	400
合計	700	300	1000

▼同じ割合で売れるとしたときの売り上げ個数

	ポテト	チキン	合計
ワクワクバーガー	420	180	600
モグモグバーガー	280	120	400
合計	700	300	1000

　表3-1-4の上の表「実際の売り上げ個数」を**観測度数**と呼びます。実際に観測された度数という意味です。

　一方、下の表の、「同じ割合で売れるとしたときの売り上げ個数」を**期待度数**と呼びます。これは、帰無仮説、つまり「両店のポテトとチキンの売り上げ割合に差がない」が成立したときに、期待される度数ということです。

● 観測度数と期待度数を比べる

　それでは今覚えたばかりの観測度数と期待度数の表である、次ページの表3-1-5を見てみましょう。といっても、先の表3-1-4から、見出しを替えただけです。

表3-1-5 観測度数と期待度数

▼観測度数

	ポテト	チキン	合計
ワクワクバーガー	435	165	600
モグモグバーガー	265	135	400
合計	700	300	1000

▼期待度数

	ポテト	チキン	合計
ワクワクバーガー	420	180	600
モグモグバーガー	280	120	400
合計	700	300	1000

観測度数と期待度数とを比べてみると、次のことが言えます。

ワクワクバーガーでは、
・ポテトは実際のほうが多い
（観測度数435に対して期待度数420）
・チキンは実際のほうが少ない
（観測度数165に対して期待度数180）

モグモグバーガーでは、
・ポテトは実際のほうが少ない
（観測度数265に対して期待度数280）
・チキンは実際のほうが多い
（観測度数135に対して期待度数120）

> 期待度数と観測度数に違いがあることはわかったんですけど、これって偶然ということはありませんか？

> 偶然？

> 例えば、ワクワクバーガーのポテトの個数は、観測度数が435で、期待度数が420ですよね？　これって、通常は420個しか売れないけど、この日はたまたま15個余計に売れたとか……。

確かに！ それを知るには、435 と 420 の差（ズレ）が、本来同じだったのにたまたまズレてしまったものなのか、それとも、本来違っているものがそのまま現れてきたものなのかを調べないといけないね。

　先輩の言葉を統計学的に言い換えると、このズレは「誤差の範囲内のもの」なのか、それとも「誤差とは言えない、誤差以上のもの」なのかを決めるということになります。これを決めるためには、カイ2乗値とカイ2乗分布について知る必要があります。

3-2 カイ2乗値を求める

● 観測度数と期待度数のズレを数値にする

　第1章では、平均からのばらつきを数値にするために、分散という考え方を使いました。それと同じように、観測度数と期待度数のズレを数値にすることはできないのでしょうか。それを考えていきましょう。

　まず、観測度数と期待度数のズレですから、それらをすべて足してみます。

　　ズレ案1＝（観測度数－期待度数）の総和

　しかし、前節の数字を使って、ズレ案1を実際に計算してみると、

$$(435-420)+(165-180)+(265-280)+(135-120)$$
$$=15+(-15)+(-15)+15$$
$$=0$$

となり、常にゼロになってしまいます。プラスのところとマイナスのところが打ち消し合っているからです。そこで、分散の計算のときのように2乗してから足していきます。

　　ズレ案2＝（（観測度数－期待度数）の2乗）の総和

$$(435-420)^2+(165-180)^2+(265-280)^2+(135-120)^2$$
$$=15^2+(-15)^2+(-15)^2+15^2$$
$$=900$$

これならよさそうですか？　しかし、これでもまだマズイところがあります。例えば、ポテトとチキンの売り上げデータを10日分とったとします。単純に考えて、データが1日分の10倍となったとすると、ズレの値は、

$$(4350-4200)^2+(1650-1800)^2+(2650-2800)^2+(1350-1200)^2$$
$$=150^2+(-150)^2+(-150)^2+150^2$$
$$=90000$$

となって、非常に大きくなってしまいます。そこで、(観測度数−期待度数)の2乗を期待度数で割っておくことにします。

ズレ案3＝（((観測度数−期待度数)の2乗)÷期待度数）の総和

$$(435-420)^2 \div 420+(165-180)^2 \div 180+(265-280)^2 \div 280$$
$$+(135-120)^2 \div 120$$
$$=15^2 \div 420+(-15)^2 \div 180+(-15)^2 \div 280+15^2 \div 120$$
$$\fallingdotseq 4.46$$

この値を**カイ2乗値**と呼びます。カイというのは、ギリシャ文字で「χ」と書きます。もう一度まとめておきます。

カイ2乗値＝（((観測度数−期待度数)の2乗)÷期待度数）の総和

この式から以下のことがわかります。

【カイ2乗値の性質】
・期待度数と観測度数が完全に一致すれば、カイ2乗値はゼロになる
・逆に、不一致（ズレ）が大きくなれば、カイ2乗値は大きな値になる

MEMO Excelでカイ2乗値を求める

Excelに入力した観測度数・期待度数の表から、カイ2乗値を求める方法です。

	A	B	C	D
1	観測度数			
2		ポテト	チキン	合計
3	ワクワクバーガー	435	165	600
4	モグモグバーガー	265	135	400
5	合計	700	300	1000
6				
7	期待度数			
8		ポテト	チキン	合計
9	ワクワクバーガー	420	180	600
10	モグモグバーガー	280	120	400
11	合計	700	300	1000
12				
13	観測度数と期待度数のずれ			
14		ポテト	チキン	
15	ワクワクバーガー	0.54	1.25	
16	モグモグバーガー	0.80	1.88	
17				
18	カイ2乗値	4.46		
19				

- =(B3-B9)^2/B9
- =(C3-C9)^2/C9
- =(C4-C10)^2/C10
- =(B4-B10)^2/B10
- =B15+C15+B16+C16

※小数点第3位を四捨五入。

3-3 カイ2乗分布は自由度によって変わる

● カイ2乗値の性質を知る ― ピンポン玉実験

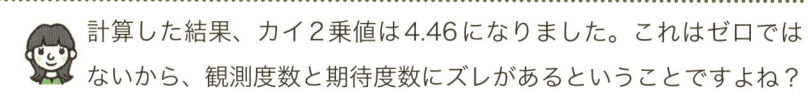

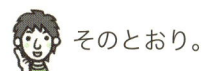

> 計算した結果、カイ2乗値は4.46になりました。これはゼロではないから、観測度数と期待度数にズレがあるということですよね？

> そのとおり。

> この4.46というのは、すごく大きなズレなんですか？ それともたいしたことはないんですか？

> それを決めるためには、カイ2乗値の性質についてもう少し勉強してみよう。

　カイ2乗値の性質を知るために、ピンポン玉実験をやってみましょう。まず、白とオレンジのピンポン玉をそれぞれ50個ずつ箱に入れておきます。よくかき混ぜて、無作為に10個取り出します。そのときの、白の数とオレンジの数を調べます。調べたら、また取り出した分を箱の中に戻して、また同じように無作為に10個取り出します。

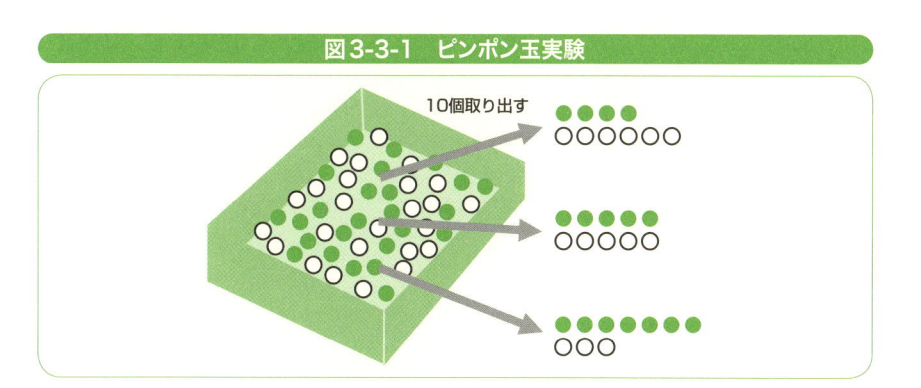

図3-3-1　ピンポン玉実験

このような無作為抽出を何回も繰り返すとどうなるでしょうか？　白とオレンジがそれぞれ5個ずつである場合は、比較的起こりやすそうです（もともと箱の中には、白とオレンジが同じ数だけ入っていたのですから）。そこで、期待度数を白5個、オレンジ5個とします。

　例えば、箱から白を5個、オレンジを5個取り出したとします。これが観測度数です。この場合のカイ2乗値は、次のようになります。

$$(5-5)^2 \div 5 + (5-5)^2 \div 5 = 0$$

　期待度数と観測度数が同じですから、カイ2乗値はこのようにゼロになります。同じように、そのほかの観測度数についてもカイ2乗値を計算してみます。その結果を表にまとめたものが、表3-3-2です。

表3-3-2　ピンポン玉のカイ2乗値と起こりやすさ

▼期待度数

白	オレンジ
5	5

▼観測度数

白	オレンジ	起こりやすさ（確率）	カイ2乗値
5	5	もっとも起こりやすい	0
6	4	起こりやすい	0.4
7	3	起こりにくい	1.6
8	2	かなり起こりにくい	3.6
9	1	非常に起こりにくい	6.4

　最も起こりやすいのは白が5個、オレンジが5個になる場合で、カイ2乗値は0です。非常に起こりにくいのは白が9個、オレンジが1個になる場合で、カイ2乗値は6.4です。起こりやすさ（確率）が小さくなればなるほど、カイ2乗値が大きくなっていることがわかります。

　ふうん、起こりやすいときはカイ2乗値が小さくて、起こりにくくなるほどカイ2乗値は大きくなるんですね。

そう、確率が小さくなるほど、カイ2乗値は大きくなるんだよ。この関係をグラフにしたものがカイ2乗分布なんだよ。

● カイ2乗分布とは？

横軸にカイ2乗値を取り、縦軸に**確率密度**を取ると、図3-3-3のような**カイ2乗分布**が描けます。確率密度というのは、例えば横軸「3」のところで切った右側の面積が「カイ2乗値が3以上になる確率」になるように決めたものです。

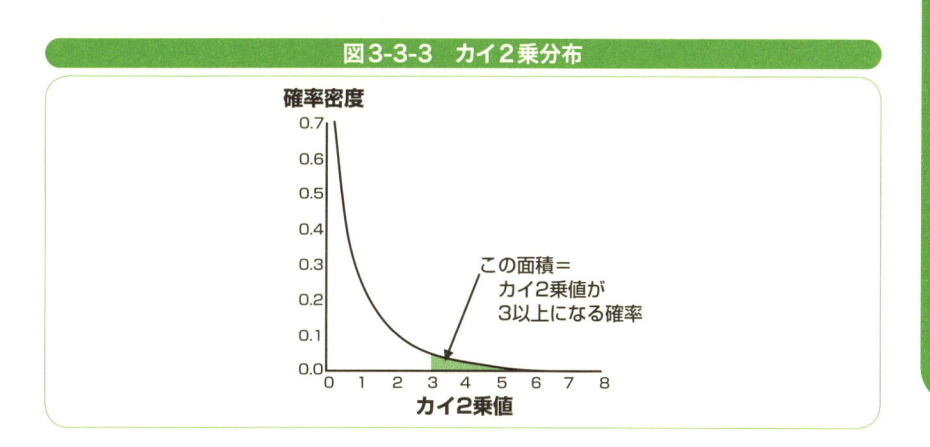

図3-3-3　カイ2乗分布

この面積＝カイ2乗値が3以上になる確率

カイ2乗分布を見ると、カイ2乗値がゼロに近づくほど、急激に確率密度が大きくなっていくことがわかります。逆にカイ2乗値が大きくなると、確率密度は非常に小さくなることがわかります。

ピンポン玉実験では、白とオレンジのピンポン玉が50個ずつになっていましたが、60個と40個であっても、カイ2乗値を計算して分布を描くと、同じカイ2乗分布になります。また、取り出す個数は10個でしたが、20個でも30個でも、カイ2乗値を計算して分布を描くと、同じカイ2乗分布になります。

へぇ、ピンポン玉の割合が違っても、取り出す数が違っても、カイ2乗分布になるんだぁ。不思議ぃ〜。

3-3　カイ2乗分布は自由度によって変わる

こういう性質があるから、カイ2乗分布はいろいろな場合に適用できるんだよ。

ワクワクバーガーとモグモグバーガーのポテトとチキンの売り上げ個数の割合にも適用できるんですか？

できるよ。エミちゃんが計算したカイ2乗値が何％ぐらいの確率で起こるのかを調べるのさ。ただし、それには「自由度」を計算しないとね。

自由度？

自由度によるカイ2乗分布の変化を見る

　　白とオレンジのピンポン玉を10個取ってくる場合、白の数が決まれば、オレンジの数は自動的に決まります。つまり2種類の数のうち、自由に動かせるのは、そのうちひとつだけです。この数を**自由度**と呼びます。2種類のピンポン玉を取ってくる場合は、2-1=1で「自由度1」となります。

　　それでは、白とオレンジと青の3種類のピンポン玉ではどうでしょうか？この場合は、白とオレンジの数が決まると自動的に青の数が決まります。したがって、自由度は、3-1=2で、2となります。

　　取り出す元の個数の割合が変わっても、また取り出す個数が変わっても、カイ2乗分布は変わりません。しかし、自由度が変わると、カイ2乗分布は変わります。図3-3-4は、自由度1、自由度3、自由度5のカイ2乗分布です。

おおぉ、自由度が違うと、グラフの線が全然違うんですねぇ。

そうなんだよ。

図3-3-4　自由度の異なるカイ2乗分布

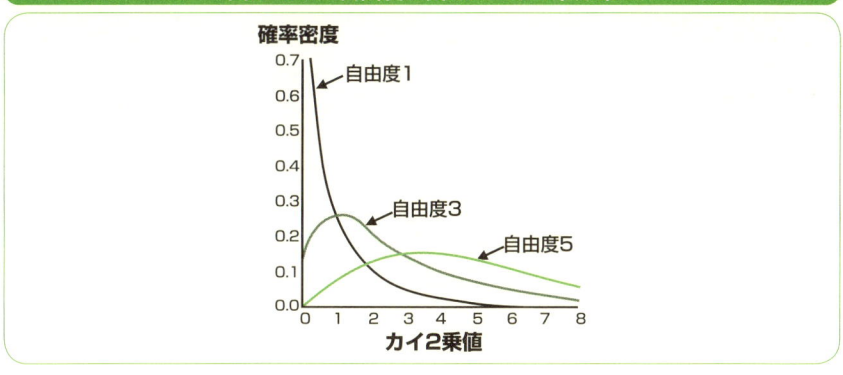

で、今回の自由度はいくつになるんですか？

あ、それは次の節で。

3-4 カイ2乗検定を行う

カイ2乗値と自由度を求める

　数字をもう一度確認しておきましょう。エミが、ワクワクバーガーとモグモグバーガーの、ポテトとチキンの1日分の売り上げ個数を調べた結果、カイ2乗値は4.46になりました（表3-4-1）。

表3-4-1　ポテトとチキンの売り上げ個数（観測度数／期待度数）

	ポテト	チキン	合計
ワクワクバーガー	435／420	165／180	600
モグモグバーガー	265／280	135／120	400
合計	700	300	1000

$$(435-420)^2 \div 420 + (165-180)^2 \div 180 + (265-280)^2 \div 280$$
$$+ (135-120)^2 \div 120$$
$$= 15^2 \div 420 + (-15)^2 \div 180 + (-15)^2 \div 280 + 15^2 \div 120$$
$$\fallingdotseq 4.46$$

　このカイ2乗値「4.46」はカイ2乗分布にしたがっているわけですが、自由度はいくつになるのでしょうか？　一般的に、行と列がある二次元の表の場合は、自由度は以下のように求められます。

自由度＝（行の数−1）×（列の数−1）

　今回は表3-4-1のような二次元の表になりますから、自由度は1になります。

自由度＝（2−1）×（2−1）＝1

確率を求める

　自由度は1、カイ2乗値は4.46となりました。自由度とカイ2乗値がわかったら、今度はそれが起こる確率を調べます。確率を調べるには、カイ2乗分布表（表3-4-2）を使います。

表3-4-2　カイ2乗分布表

自由度	確率	
	0.05	0.01
1	3.84	6.63
2	5.99	9.21
3	7.81	11.34
4	9.49	13.28
5	11.07	15.09
⋮	⋮	⋮

　表3-4-1のカイ2乗分布表によると、自由度1、確率0.05（5%）のときのカイ2乗値は3.84になります。これは、どういう意味なのでしょうか？自由度1のカイ2乗分布のグラフ（図3-4-3）を使って説明しましょう。

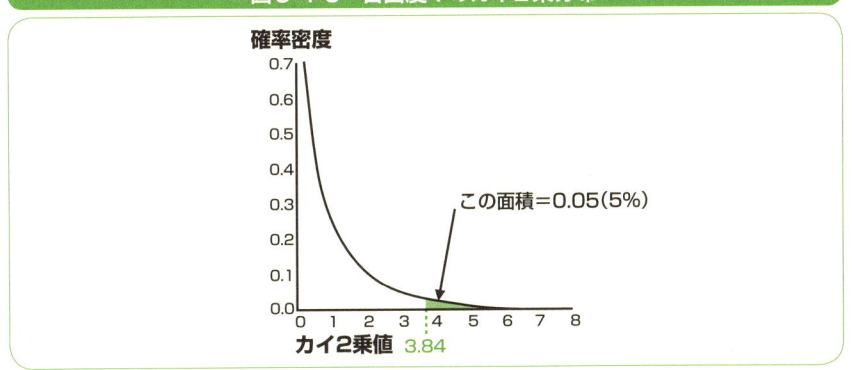

図3-4-3　自由度1のカイ2乗分布

縦軸：確率密度
この面積＝0.05（5%）
カイ2乗値　3.84

カイ2乗値が3.84のところでグラフを区切ると、それよりも左側が0.95（95％）、それよりも右側が0.05（5％）の面積になります。「面積＝確率」と考えることができますから、カイ2乗値が3.84よりも小さい値は95％の確率で起こり、カイ2乗値が3.84よりも大きい値は5％の確率でしか起こらないということになります。言い換えると、カイ2乗値が3.84よりも大きくなる確率は5％よりも小さいということです。

　今度は、自由度1、確率0.01（1％）の場合を考えてみましょう。自由度1、確率0.01（1％）のときのカイ2乗値は6.63になります。先ほどと同じように考えると、カイ2乗値が6.63よりも小さい値は99％の確率で起こり、カイ2乗値が6.63よりも大きい値は1％の確率でしか起こらないということになります。つまり、カイ2乗値が6.63よりも大きくなる確率は1％よりも小さくなります。

　さて、計算したカイ2乗値は4.46でした。これは次のように解釈できます。

　　「ワクワクバーガーとモグモグバーガーの間では、ポテトとチキンの
　　売り上げの割合に差がない（帰無仮説）」としたときに、そのカイ2
　　乗値が4.46をとる確率は、5％よりも小さく、1％よりも大きい。」

● 有意水準を設定する

　カイ2乗値4.46が出てくる確率は、1％から5％の間だということがわかりました。これは、100回やって1回から5回しか起こらないということです。これは「起こりにくい」とするべきでしょうか？　それとも「それほど起こりにくいことではない」とするべきなのでしょうか？　確かに宝くじの一等が当たる確率よりは大きいのですが。

　めったに起こらないか、そうではないかを決めるのに、統計学では**有意水準**というものを使います。有意水準よりも小さい確率であれば、それは「めったに起こらないこと」、つまり、偶然の誤差ではないと認定します。有意水準よりも大きい確率であれば、「めったに起こらないこととはいえない」、つまり、偶然の誤差であるとします。

　有意水準は伝統的に、5％か、あるいは1％を使います。有意水準5％よりも、

有意水準1%の方が厳しい判断の仕方といえます。5%と1%のどちらを有意水準として使ってもかまいません。重要なのは、あらかじめ有意水準を決めておくということです。

仮説検定を行う

さて、話をチキンとポテトに戻しましょう。

カイ2乗値は4.46でした。これは5%から1%の確率で起こります。ここで、有意水準として5%をとるとすると、それよりも小さい確率なので、「めったに起こらないこと」と認定できます。これは次のように解釈できます。

- 帰無仮説として「ワクワクバーガーとモグモグバーガーの間では、ポテトとチキンの売り上げの割合に差はない」としました。

▼

- この帰無仮説を前提として計算したカイ2乗値は4.46になりました。

▼

- カイ2乗値4.46が起こるのは5%より小さい確率です。

▼

- 有意水準を5%に設定したので、これは「めったに起こらないこと」であるといえます。

▼

- 「めったに起こらないこと」が起こってしまったのは、帰無仮説が間違っていたからだと考えます。

▼

- したがって、帰無仮説「ワクワクバーガーとモグモグバーガーではポテトとチキンの売り上げの割合には差がない」は間違っていたと考えます。

▼

  - 帰無仮説を棄却します。

▼

- 帰無仮説が棄却されたので、対立仮説「ワクワクバーガーとモグモ

グバーガーではポテトとチキン売り上げの割合に差がある」を採択します。これが結論になります。

このように、母集団について仮説を立て、その仮説が正しいかどうかを標本から推測することを**検定**（正確には**仮説検定**）と呼びます。カイ2乗検定の結果、「ワクワクバーガーとモグモグバーガーではポテトとチキンの売り上げの割合に差がある」という結論が得られました。

● 決断……やっぱり対策が必要か!?

エミは、この結論を店長に知らせました。

ポテトとチキンの売り上げについてカイ2乗検定をしました。

な、なんだい、そのカイなんとかというのは？

ともかく、その結果、「ワクワクバーガーとモグモグバーガーではポテトとチキンの売り上げの割合に差がある」ということなんです。ワクワクバーガーのほうがチキンの売り上げの割合が小さいんです。それは有意水準5%でいえることなんです。

そ、そのユウイなんとかってのは？

偶然としては考えにくいことが起こったということです。つまり、偶然以上にチキンが売れていないということです。

そ、そうか、やっぱりうちのチキンは売れてないんだ。

そういうことです。

何か対策を考えなくちゃいけないな。うん、調べてくれてどうもありがとう。

さて、今回仮説を立てて、それが正しいかどうかを見てきました。次のPOINTで仮説検定のステップを確認しておきましょう。この仮説検定の方法は、このあとも使っていきます。

POINT

仮説検定の方法
❶「○○と○○との間には差がない」という形の帰無仮説を立てる。
❷期待度数と観測度数のズレを見るためカイ2乗値を計算する。
❸カイ2乗値の出現確率を調べる。
❹有意水準を基準にして帰無仮説を棄却するか、あるいは採択するかを決める。

column
コラム

簡単なアンケートではどう考える?

　たとえば、ワクワクバーガーのチキンとモグモグバーガーのチキンを3人に食べ比べてもらったとします。3人ともワクワクのチキンがおいしいと言い、モグモグのチキンがおいしいと言う人はいなかったとしましょう。

　このとき、ワクワクのチキンの方が「有意に」おいしいと判断してよいでしょうか。3対0でワクワクのチキンが勝ちですから、議論の余地はないような感じもします。しかし、有意においしいと判断するには、データの数が少なすぎるような気もします。この場合はどう考えればよいのでしょうか。

●直接確率検定の考え方

　カイ2乗検定で使ったような検定の考え方を、ここでもまた使うことができます。検定の考え方を復習しておきましょう。

　まず、「ワクワクのチキンとモグモグのチキンではおいしさに差がない」という帰無仮説を立てます。この帰無仮説を前提としたときに、「3対0」ということが起こる確率を求めます。この確率があらかじめ決めた有意水準(たとえば5%) よりも大きければ帰無仮説を採択します。そうでなく、この確率が有意水準よりも小さければ、偶然では起こりえないことが起こったとして、帰無仮説を棄却し、対立仮説「おいしさに差がある」を採択します。

　さて、ここで3人が判断したときに「3対0」が起こる確率を求めます。ワクワクがおいしいとするのを「○」、モグモグがおいしいとするのを「●」と表します。ここで、3人がそれぞれ独立に判断したときのパターンは次の8通りですべてです。

(1) ○○○　(2) ○○●　(3) ○●○　(4) ●○○
(5) ○●●　(6) ●○●　(7) ●●○　(8) ●●●

さて、3対0でワクワクのチキンがおいしい（○○○）とされるのは、8通りのうち1通りです。つまり、これが起こる確率は、1/8で、12.5％の確率になります。したがって、有意水準を5％にしたときに、12.5％の確率はそれよりも大きいので、帰無仮説を棄却することはできません。つまり、ワクワクのチキンがモグモグよりも有意においしいとは言えないという結論になります。

　このような検定方法を、直接確率検定（あるいは正確確率検定）と呼びます。田中敏・中野博幸 著『クイック・データアナリシス』（新曜社、2004）という本では、直接確率検定のいろいろな適用事例が紹介されているので、おすすめです。

確認テスト

問題 ある小学校の桜組と桃組とで、国語と算数ではどちらが好きかというアンケートをおこなった。桜組の担任は、大学で国語を専門とした先生で、一方、桃組の担任は数学を専門とした先生であった。このアンケートをおこなった理由は、担任の先生の専門が、担当クラスの子どもの科目の好みにはたして影響するかということを知りたかったのである。

データは下表のようになった。これをカイ2乗検定によって分析したい。

	桜組	桃組	合計
国語が好き	24	18	42
算数が好き	8	18	26
合計	32	36	68

① この検定での帰無仮説を言いなさい。
② この検定での対立仮説を言いなさい。
③ 帰無仮説が成立するときの期待度数を求めなさい（小数点第3位を四捨五入）。
④ カイ2乗値を求めなさい（小数点第3位を四捨五入）。
⑤ 有意水準を1%としたとき、このカイ2乗値から言えることを書きなさい。
⑥ 以上の検定の結果を、わかりやすいことばで説明しなさい。

答えは➡p.165

第4章

どちらの商品がウケていますか？

t検定（対応なし）

この章でわかること
- 平均の差の信頼区間
- t検定
- 棄却域

4-1 ハンバーガーの味を評価する

ワクワクバーガーとモグモグバーガー、女子高生に人気があるのはいったいどっちなんだろう？　店長の悩みは尽きません。ここでもエミが統計学を使って、アンケート結果を読み解いていきます。

● 女子高生に人気がない？

　ワクワクバーガーの店長は仕事熱心です。ハンバーガーの味やお客さんのこと、いろいろなことが気になって仕方がありません。

　ねぇ、エミちゃん、うちの店は女子高生のお客さんが少ないような気がするんだけど、どう思う？

　そう言えば、うちは年配のお客さんが多いですよね。

モグモグバーガーは、女子高生であふれているんだよな。いいなぁ……。

　女子高生がうらやましいんですか？

　いや、いや、そういうことじゃなくて……。うちの味は女子高生にはウケないのかなと……。ねぇ、エミちゃん、統計学で調べられないかな？

　えっ？　「女子高生にウケるかどうか」ですか？　そんなこと、できるのかなぁ。

ハンバーガーの味に点数をつけてもらう

　今度もエミが頼りにするのは、大学の研究室のエビハラ先輩です。さっそくエビハラ先輩に相談してみました。

　ハンバーガーが、女子高生にウケるかどうかを調べるんだね。

　はい。でも、そんなことが統計学でわかるんでしょうか？

　ワクワクバーガーの味とモグモグバーガーの味を、女子高生に評価してもらうのさ。

　ふうん。どうやって？

　エミちゃん、駅の改札を通る女子高生を10人ごとに1人選びだしてよ。1人目の女子高生にはワクワクバーガーを食べてもらって、100点満点で味の採点をしてもらう。2人目には、モグモグバーガーを食べてもらって、同じように採点してもらう。

　じゃあ、3人目はワクワクバーガー？

第4章　どちらの商品がウケていますか？──t検定（対応なし）

4-1　ハンバーガーの味を評価する

そうそう。そうやって、それぞれのハンバーガーについて8人ずつのデータを取ってね。

表4-1-1は、エミが調査したデータを、表にまとめたものです。それぞれのハンバーガーの平均点と、ばらつきの指標である標本分散も計算しました。

表4-1-1　ワクワクバーガーとモグモグバーガーの味についての評価

番号	ワクワクバーガーの点数	モグモグバーガーの点数
1	70	85
2	75	80
3	70	95
4	85	70
5	90	80
6	70	75
7	80	80
8	75	90
サンプルサイズ	8	8
標本平均	76.88	81.88
標本分散	49.61	55.86

MEMO　Excelで、平均点と標本分散を計算

Excelでは以下のようにすれば、平均点と標本分散が計算できます。

	A	B	C
1	番号	ワクワクバーガーの点数	モグモグバーガーの点数
2	1	70	85
3	2	75	80
4	3	70	95
5	4	85	70
6	5	90	80
7	6	70	75
8	7	80	80
9	8	75	90
10	サンプルサイズ	8	8
11	標本平均	76.88	81.88
12	標本分散	49.61	55.86

- B11: =AVERAGE(B2:B9)
- B12: =VARP(B2:B9)
- C11: =AVERAGE(C2:C9)
- C12: =VARP(C2:C9)

※標本平均と標本分散はそれぞれ小数点第3位を四捨五入。

味の平均点は、ワクワクバーガーが76.88点、モグモグバーガーが81.88点でした。標本分散は、ワクワクバーガーが49.61、モグモグバーガーが55.86でした。

> ワクワクバーガーの平均点が76.88点で、モグモグバーガーの平均点が81.88点。その差は5点。これって、どう考えればいいんだろう？

これには、次の2つの選択肢があります。

・5点の差は意味がある
　モグモグバーガーのほうが平均点が高かったから、モグモグバーガーのほうが女子高生にウケていると考える。

・5点の差は意味がない
　標本分散（データのばらつき）を考えると、5点の差は取るに足らないと考える。

さて、どちらの考え方を採用したらよいのでしょうか？

4-2 平均差の信頼区間

❶ 信頼区間の考え方を思い出そう

ワクワクバーガーの評価点の平均と、モグモグバーガーの評価点の平均とでは、5点の差がありました。この5点がどれくらい信頼できるものかを考えるために、その信頼区間を求めます。

第2章で学んだ「信頼区間」を覚えていますか？ 信頼区間とは、ある確率で母平均を含んでいるような範囲のことを指します。例えば、95％の確率で母平均を含んでいる範囲を95％信頼区間と呼びます。

信頼区間の数式は次のとおりです。

信頼区間＝標本平均±t×標準誤差

「t」はt分布表（表4-2-1）から求めます。t分布表で、自由度とt分布の確率95％（あるいは99％）からtを求めます。自由度は、「サンプルサイズ−1」です。

表4-2-1 t分布表

自由度	確率95%	確率99%	自由度	確率95%	確率99%
1	12.706	63.657	8	2.306	3.355
2	4.303	9.925	9	2.262	3.250
3	3.182	5.841	10	2.228	3.169
4	2.776	4.604	11	2.201	3.106
5	2.571	4.032	12	2.179	3.055
6	2.447	3.707	13	2.160	3.012
7	2.365	3.499	14	2.145	2.977

標準誤差は、標本平均の標準偏差のことで、以下の数式で求めることができます。

標本平均の標準偏差（標準誤差） $= \sqrt{\text{不偏分散} \div \text{サンプルサイズ}}$

不偏分散は、母分散の推定値です。母分散は実際にはわからないので、不偏分散で推定します。不偏分散の数式は以下のとおりです。

不偏分散 $=$ （（データ$-$平均値）^{2}）の総和$\div$（サンプルサイズ-1）

● 信頼区間を差に適用する

さて、信頼区間を思い出したところで、これを「平均値の差」に適用することを考えます。

ここに母集団Aと母集団Bがあります。それぞれの母集団から同じ大きさの標本Aと標本Bを抽出します。そして、それぞれの標本について、標本平均と標本分散を計算します。この抽出と計算を何回も繰り返します。

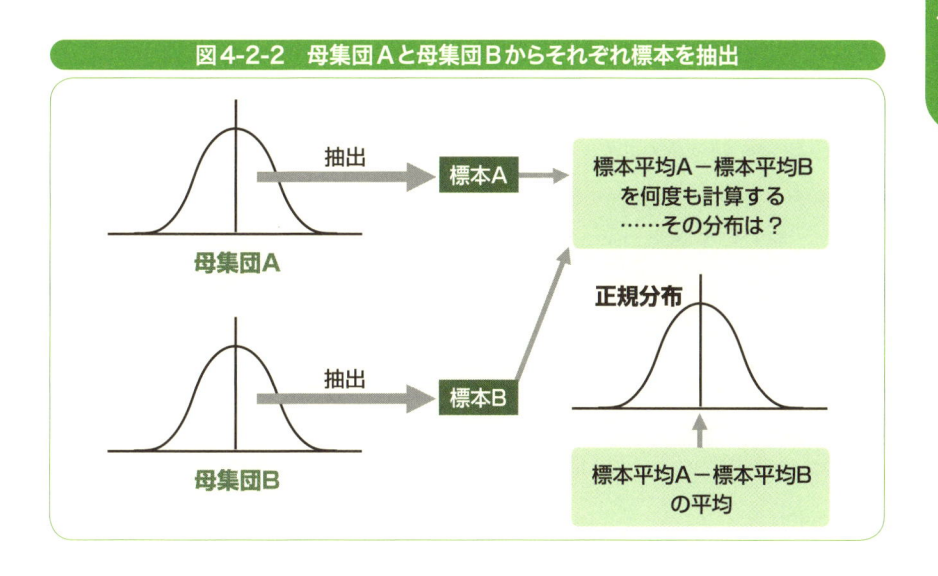

図4-2-2　母集団Aと母集団Bからそれぞれ標本を抽出

その結果、標本平均Aと標本平均Bの差の分布はどうなるかということを問題にします。結論を言うと、この分布も正規分布にしたがい、信頼区間を求める式がそのまま使えます。

平均の差の信頼区間＝（標本平均A−標本平均B）±t×差の標準誤差

ここで問題なのは「差の標準誤差」をどうやって求めるかです。標本平均Aの分散は、（母分散A÷サンプルサイズA）で求まります。同様に、標本平均Bの分散は、（母分散B÷サンプルサイズB）で求まります。それでは、その差である（標本平均A−標本平均B）の分散はどうなるでしょうか。

これは（母分散A÷サンプルサイズA）と（母分散B÷サンプルサイズB）を足したものになります。2つの標本をそれぞれ異なる母集団から抽出しており、互いに独立だからです。

母分散はすべて不偏分散で推定しますので、差の標準誤差は次の式になります。

差の標準誤差
＝√(不偏分散A÷サンプルサイズA)＋(不偏分散B÷サンプルサイズB)

ここで、AとBの母分散は等しいとして、「推定母分散」と表記すると、以下のようになります。

差の標準誤差
＝√(推定母分散÷サンプルサイズA)＋(推定母分散÷サンプルサイズB)
＝√推定母分散×((1÷サンプルサイズA)＋(1÷サンプルサイズB))

推定母分散は次の式で推定します。これは不偏分散を求める方法と同じで、平均からの偏差の平方和を(サンプルサイズ−1)で割ったものに相当します。

$$\text{推定母分散}$$

$$= \frac{\text{標本Aの平均偏差の平方和} + \text{標本Bの平均偏差の平方和}}{(\text{サンプルサイズA} - 1) + (\text{サンプルサイズB} - 1)}$$

$$= \frac{((\text{データ} - \text{標本Aの平均値})^2)\text{の総和} + ((\text{データ} - \text{標本Bの平均値})^2)\text{の総和}}{(\text{サンプルサイズA} - 1) + (\text{サンプルサイズB} - 1)}$$

これで平均の差の信頼区間が計算できます。

それでは、順を追って計算していきましょう。まず、ワクワクとモグモグそれぞれについて、平均偏差の平方和を計算します。標本分散は、平均偏差の平方和（(データ−平均値)²の総和）をサンプルサイズで割ったものです。よって、平均偏差の平方和は、標本分散にサンプルサイズをかければよいことになります。

ワクワクの平均偏差の平方和
＝標本分散49.61×サンプルサイズ8＝396.88

モグモグの平均偏差の平方和
＝標本分散55.86×サンプルサイズ8＝446.88

続いて推定母分散、そして、差の標準誤差を求めます。

推定母分散
＝（ワクワクの平均偏差の平方和396.88
　＋モグモグの平均偏差の平方和446.88）
　÷((ワクワクのサンプルサイズ8−1)＋(モグモグのサンプルサイズ8−1))
＝60.27

差の標準誤差
＝√(60.27×((1÷ワクワクのサンプルサイズ8)＋(1÷モグモグのサンプルサイズ8)))
＝3.88

t値を求めます。ここでは、自由度は（ワクワクのサンプルサイズ8−1）＋（モグモグのサンプルサイズ8−1）で、14になります。t分布表（→p.84）より、自由度14のときの95％のtの値は2.145です。よって、差の信頼区間は以下のとおりです。

差の信頼区間
= （ワクワクの平均点76.88−モグモグの平均点81.88）
　±tの値2.145×差の標準誤差3.88
=−5.00±8.33
=−13.33〜3.33

以上から、差の信頼区間（95％）は、−13.33から3.33の間ということになります。

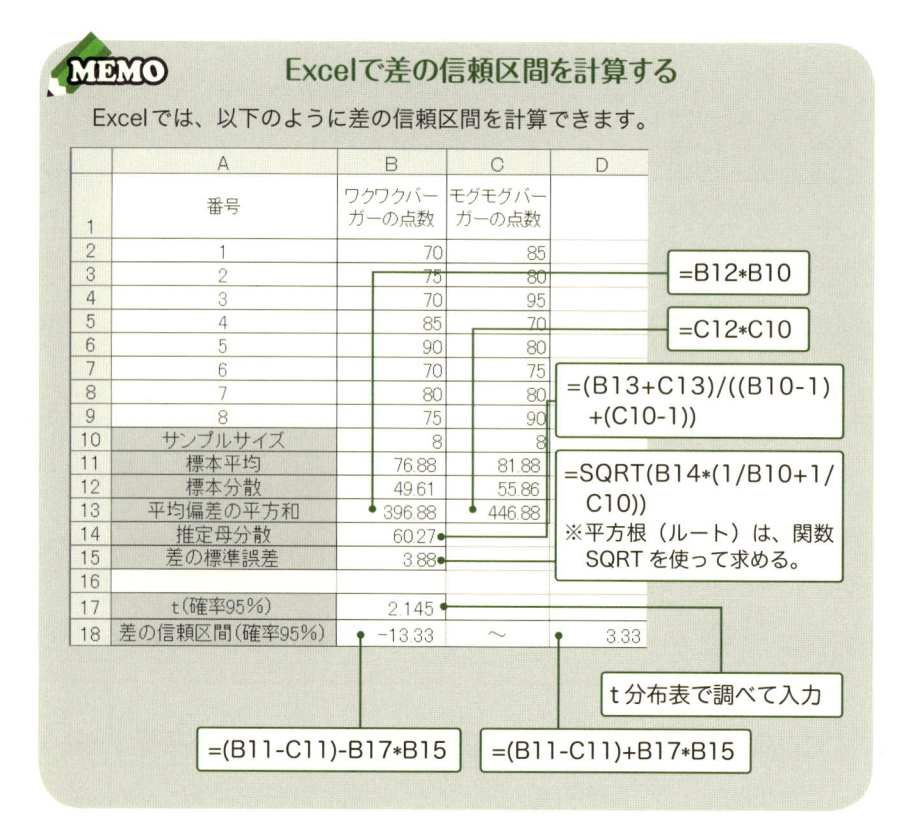

MEMO　Excelで差の信頼区間を計算する

Excelでは、以下のように差の信頼区間を計算できます。

	A	B	C	D
1	番号	ワクワクバーガーの点数	モグモグバーガーの点数	
2	1	70	85	
3	2	75	80	
4	3	70	95	
5	4	85	70	
6	5	90	80	
7	6	70	75	
8	7	80	80	
9	8	75	90	
10	サンプルサイズ	8	8	
11	標本平均	76.88	81.88	
12	標本分散	49.61	55.86	
13	平均偏差の平方和	396.88	446.88	
14	推定母分散	60.27		
15	差の標準誤差	3.88		
16				
17	t（確率95％）	2.145		
18	差の信頼区間(確率95％)	−13.33	〜	3.33

- B13: =B12*B10
- C13: =C12*C10
- B14: =(B13+C13)/((B10-1)+(C10-1))
- B15: =SQRT(B14*(1/B10+1/C10))
  ※平方根（ルート）は、関数SQRTを使って求める。
- B17: t分布表で調べて入力
- B18: =(B11-C11)-B17*B15
- D18: =(B11-C11)+B17*B15

差の信頼区間の解釈

ワクワクバーガーとモグモグバーガーの評価点の差は5点でした。しかし、この95％信頼区間を求めてみると、−13.33から3.33の間であるということがわかりました。これは、この範囲内に、95％の確率で母集団の平均の差が含まれているということです。ということは、以下のような場合がすべて含まれます。

- 差が−13：モグモグバーガーのほうが（かなり）評価が高い
- 差が0　　：ワクワクとモグモグの評価は同じ
- 差が+3　：ワクワクバーガーのほうが（少し）評価が高い

この中で、差が0という場合が含まれているということに注目します。これは次のことを意味します。

「ワクワクバーガーとモグモグバーガーの評価点の差は5点でした。しかし、その信頼区間には、0点が含まれていました。つまり、母集団においてその差が0点であること、つまりワクワクバーガーとモグモグバーガーの評価には差がないということが、十分起こり得ると解釈できます」

したがって、この5点の差は、意味のある差、つまり有意な差であるとは認められないということになります。これが、差の信頼区間を計算した結果の解釈になります。

4-3 t検定を行う

仮説検定の考え方を思い出そう

　さて、ワクワクバーガーとモグモグバーガーの味の評価の間に意味のある差（有意差）があるかどうかを決める方法を考えていきましょう。

　そのためには、第3章で説明した仮説検定の考え方を使います。仮説検定の考え方は次のようなものです。

1. 帰無仮説「差はない」を立てる。
   ▼
2. 適当な指標を計算する。
   ▼
3. その指標が起こる確率を計算する。
   ▼
4. 確率に基づいて、帰無仮説を採択するか、棄却するかを決める。
   - 帰無仮説を採択した場合は、「意味のある差（有意差）はない」と結論する。
   - 帰無仮説を棄却した場合は、対立仮説を採択し、「差はないとはいえない、つまり意味のある差（有意差）がある」と結論する。

指標tの性質

　2つの母集団AとBを考えます。AもBも、だいたい正規分布にしたがっており、平均値が等しく、分散もほぼ等しいとします。この2つの母集団A、Bから、それぞれNA個、NB個の標本を取り出してきます。それを標本集団A、Bとします。

　標本集団A、Bのそれぞれの平均値を計算して、それを標本平均A、B

とします。標本平均Aと標本平均Bの差は、0に近い場合が多いと考えられます。なぜなら、もともとの母集団A、Bの平均値が等しいからです。そこから取り出した標本集団A、Bの平均値もお互いに近い場合が多いのではないかと推測できます。

そこで、次のような指標tを考えます。

t＝（標本平均の差）÷（標本平均の差の標準誤差）

このtは、自由度（NA+NB−2）のt分布に従うことが知られています。

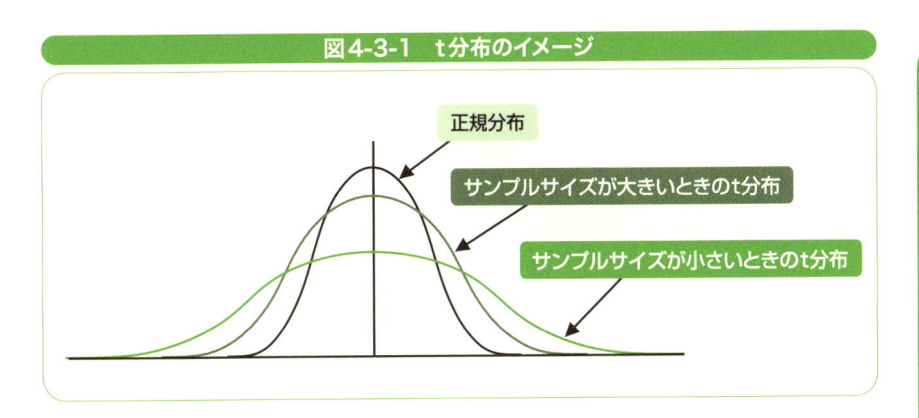

図4-3-1　t分布のイメージ

（正規分布／サンプルサイズが大きいときのt分布／サンプルサイズが小さいときのt分布）

標本平均の差の標準誤差は、前節で行ったように、次の式で推定します。

差の標準誤差
$=\sqrt{(不偏分散A÷サンプルサイズA)＋(不偏分散B÷サンプルサイズB)}$

ここで、AとBの母分散は等しいとして、「推定母分散」と表記すると、

差の標準誤差
$=\sqrt{(推定母分散÷サンプルサイズA)＋(推定母分散÷サンプルサイズB)}$
$=\sqrt{推定母分散×((1÷サンプルサイズA)＋(1÷サンプルサイズB))}$

第4章　どちらの商品がウケていますか？── t検定（対応なし）

4-3　t検定を行う

推定母分散は次の式で推定します。これは不偏分散を求める方法と同じです。

$$\text{推定母分散}$$
$$= \frac{\text{標本Aの平均偏差の平方和} + \text{標本Bの平均偏差の平方和}}{(\text{サンプルサイズA} - 1) + (\text{サンプルサイズB} - 1)}$$
$$= \frac{((\text{データ} - \text{標本Aの平均値})^2)\text{の総和} + ((\text{データ} - \text{標本Bの平均値})^2)\text{の総和}}{(\text{サンプルサイズA} - 1) + (\text{サンプルサイズB} - 1)}$$

まとめると、以下のようになります。

$$t = \text{標本平均の差} \div \sqrt{\text{推定母分散} \times ((1 \div \text{サンプルサイズA}) + (1 \div \text{サンプルサイズB}))}$$

MEMO　Excelで指標tを計算する

ワクワクバーガーの評価点とモグモグバーガーの評価点について、Excelを使ってtを計算してみましょう。

平均偏差の平方和、推定母分散、差の標準誤差の求め方は、前回のMEMO（→p.88）と同じです。t =（標本平均の差）÷（標本平均の差の標準誤差）なので、B17セルに「=(B11-C11)/B15」と入力します。

	A	B	C
1	番号	ワクワクバーガーの点数	モグモグバーガーの点数
2	1	70	85
3	2	75	80
4	3	70	95
5	4	85	70
6	5	90	80
7	6	70	75
8	7	80	80
9	8	75	90
10	サンプルサイズ	8	8
11	標本平均	76.88	81.88
12	標本分散	49.61	55.86
13	平均偏差の平方和	396.88	446.88
14	推定母分散	60.27	
15	差の標準誤差	3.88	
16			
17	t	-1.29	

=(B11-C11)/B15

t分布表を見る

推定母分散は前節で計算ずみでしたね。60.27でした。よって、tは以下のようになります。

$$t = \frac{(\text{ワクワクの平均}76.88 - \text{モグモグの平均}81.88)}{\sqrt{\text{推定母分散}60.27 \times ((1 \div \text{サンプルサイズ}8) + (1 \div \text{サンプルサイズ}8))}}$$
$$= -1.29$$

さて、計算してみると、tは−1.29となりました。この値はどのくらいの確率で起こるのでしょうか？

それを調べるためには、t分布表を使います。t分布は自由度によって少しずつ変わってきます。t検定の場合は、(サンプルサイズA−1)と(サンプルサイズB−1)を足したものが自由度になります。今回の場合は、サンプルサイズA・サンプルサイズBともに8でしたので、(8−1)+(8−1)で、自由度は14になります。

t分布表（表4-3-2）の自由度14のところを見てみましょう。

表4-3-2　t分布表

自由度	確率95%	確率99%	自由度	確率95%	確率99%
1	12.706	63.657	8	2.306	3.355
2	4.303	9.925	9	2.262	3.250
3	3.182	5.841	10	2.228	3.169
4	2.776	4.604	11	2.201	3.106
5	2.571	4.032	12	2.179	3.055
6	2.447	3.707	13	2.160	3.012
7	2.365	3.499	14	2.145	2.977

自由度14の確率95%（有意水準5%）のtは2.145、確率99%（有意水準1%）のtは2.977と書かれています。これは次のことを意味しています。

・自由度14のとき、tが2.145よりも大きい、または−2.145よりも小さいことが起こる確率は5%未満である。

・また、tが2.977よりも大きい、または−2.977よりも小さいことが起こる確率は1%未満である。

tが2.977よりも大きい、または−2.977よりも小さい部分を、1%有意水準での**棄却域**と呼びます。同様に、tが2.145よりも大きい、または−2.145よりも小さい部分を、5%有意水準での棄却域と呼びます。

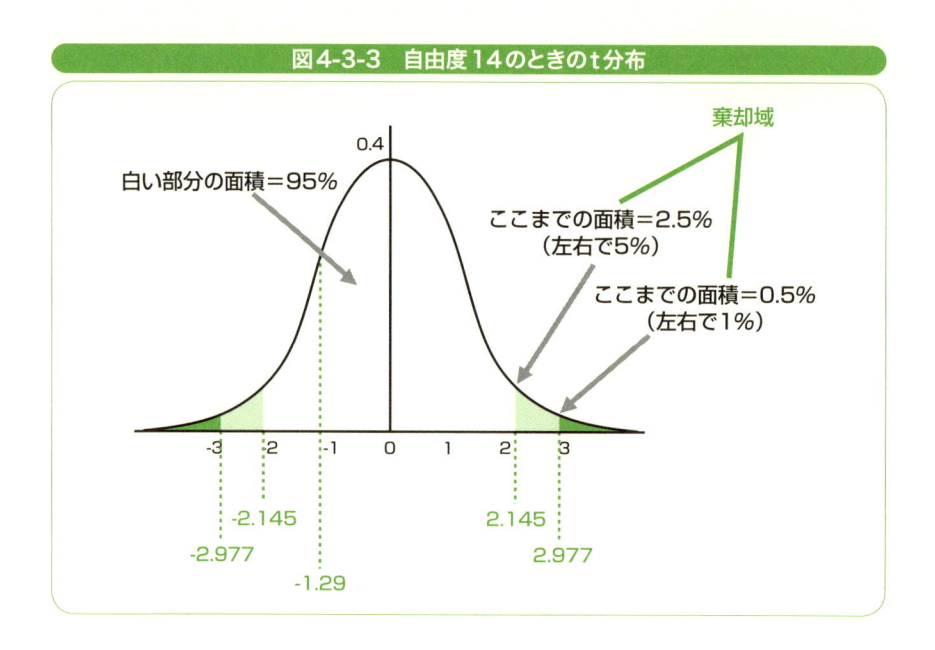

図4-3-3　自由度14のときのt分布

- 白い部分の面積＝95%
- ここまでの面積＝2.5%（左右で5%）
- ここまでの面積＝0.5%（左右で1%）
- 棄却域
- −2.145
- −2.977
- −1.29
- 2.145
- 2.977

t検定の考え方

有意水準を5％に設定したとすると、tが2.145よりも大きいか、−2.145よりも小さければ（棄却域に入っている）、それが起こる確率は5％未満なので、2つの母集団の平均、つまりワクワクバーガーとモグモグバーガーの評価点の平均には差がないとした帰無仮説が棄却されます。結論としては、ワクワクバーガーとモグモグバーガーの評価点の平均には差がないとはいえない、つまり、差があるということになります。

さて、計算したtは−1.29でしたので、5％有意水準での棄却域には入っていません。したがって帰無仮説は棄却できません。結論としては、ワ

クワクバーガーとモグモグバーガーの評価点の平均には差がないということになります。これでt検定が完成しました。

> 店長、安心してください。ワクワクバーガーとモグモグバーガーの味には違いがありません。

> そうなの？ どうして、そう言えるの？

> 無作為抽出した女子高生8人にワクワクバーガーを食べてもらい、同じように女子高生8人にモグモグバーガーを食べてもらって、それぞれ味の評価をしてもらったんです。平均点を計算したら、モグモグバーガーのほうがワクワクバーガーよりも5点高かったんですが……。

> えっ!? モグモグのほうがおいしいってことなの？

> 平均点はそうだったんですが、t検定を行った結果、この平均には有意な差がないということがわかったんです。

> 「有意な差」ってなに？

> はい、つまり、偶然以上の意味のある差ということです。それがなかったということなので、女子高生にとって、ワクワクバーガーとモグモグバーガーの味にはあまり違いがないということですね。

> よかった！ ん？ いや、よくないぞ！ 「ワクワクバーガーのほうがチョーおいしい」って女子高生に言ってほしいぞ！

第4章 どちらの商品がウケていますか？――t検定（対応なし）

POINT

t検定の手続きのまとめ

❶帰無仮説を立てる。

「ワクワクバーガー(全体)とモグモグバーガー(全体)のおいしさの評価点には差がない」

❷帰無仮説の否定である、対立仮説を立てる。

「ワクワクバーガー(全体)とモグモグバーガー(全体)のおいしさの評価点には差がないとはいえない、つまり、差がある」

❸有意水準を決める。

通常は、厳しくて1%、少し甘くて5%にする

❹得られた標本を使って、指標tを計算する。

❺標本の数から自由度を計算する。

自由度＝(Aのサンプルサイズ−1)＋(Bのサンプルサイズ−1)
　　　＝Aのサンプルサイズ＋Bのサンプルサイズ−2

❻t分布表の該当する自由度のところを見て、求めたtが棄却域に入っているかいないかを判定し、帰無仮説を棄却するか、採択するかを決める。

・もしtが棄却域に入っていなければ、帰無仮説を採択する

・もしtが棄却域に入っていれば、帰無仮説を棄却し、対立仮説を採択する

❼結論を決める。

・帰無仮説を採択した場合は、「ワクワクバーガー(全体)とモグモグバーガー(全体)のおいしさの評価点には差がない」

・対立仮説を採択した場合は、「ワクワクバーガー(全体)とモグモグバーガー(全体)のおいしさの評価点には差がないとはいえない、つまり、差がある」

column
コラム

なぜ新聞では有意差を示さないの？

　北海道警察がある期間の自動車事故を起こした運転手の星座を調べてまとめたところ、うお座生まれの人が一番多かったとのことです。このことから、うお座の人は特に運転に注意するべきだと結論していいのでしょうか。

　これとは別に、石川県警の調査では、ふたご座がもっとも事故が多かったとのことです。さらに、カナダの保険会社による10万人規模の調査によると、天秤座がもっとも事故を起こしやすかったのだそうです（ちなみに私は天秤座です）。どうやら、地域によって事故を起こしやすい星座も変わってくるようですね。

● **慎重な判断ではニュースにならない!?**

　検定という考え方と手順を学んだ私たちは、特定の星座の運転手の事故件数がほかの星座の事故件数よりも多いからといって、それが偶然ではないこと、つまり「有意な」ことであるとは言い切れないことを知っています。

　星座と事故件数と同じような記事は、新聞や雑誌でよく見かけます。もちろん実際のデータを見れば、星座によって事故件数は多かったり、少なかったりするでしょう。しかし、私たちが知りたいのは、特定の星座が他の星座に比較して、偶然以上の確率で事故が多いのか、あるいは少ないのかということです。もしそうでなければ、星座による事故件数には差がないということになります。

　とはいえ、「差がなかった」では記事になりませんね。誠実な書き手であれば、「星座による事故件数はこのように多少の違いがあるけれども、検定した結果、有意な差は見いだせなかった」と書くでしょう。要するに差はなかったということです。しかし、こう書いてしまうと「差がなかったのになぜ記事にするんだ」と、読者からクレームが来るかもしれません。そんなわけで、新聞では、検定や有意差についてあえて書かないのかもしれません。

確認テスト

問題 ある小学校で、算数の分数の計算を教えるためのマンガを使った新しい方法を開発した。はたしてこの方法に効果があるのかどうかを確かめたい。そこで、桜組では従来通りの教え方をし、一方、桃組では新しい教え方をした。その後に、共通のテストをおこなった。

テストの点数データ（10点満点）は以下のようになった。これをt検定によって分析したい。

> ●桜組18人の点数：
> 7,8,10,5,8,7,9,5,6,9,10,6,7,8,7,9,10,6
>
> ●桃組20人の点数：
> 9,9,6,10,9,8,10,7,9,10,6,8,9,9,10,7,8,8,10,9

①この検定での帰無仮説を言いなさい。
②この検定での対立仮説を言いなさい。
③t値を求めなさい（小数点第3位を四捨五入）。
④有意水準を1%としたとき、このt値から言えることを書きなさい。
⑤以上の検定の結果を、わかりやすいことばで説明しなさい。

答えは➡p.165

第5章

もっと詳しく調べたい！

t検定（対応あり）

この章でわかること

- 対応のあるt検定

5-1 1人に2種類を評価してもらう

前回のt検定で出した結論に対し、店長は今ひとつ納得していないようです。ならば、もっと詳しく調べる方法はあるのでしょうか。それが今から学ぶ、「対応のあるt検定」です。

さらに詳しく……どうやって？

前回、t検定を終えて、帰無仮説「ワクワクバーガーとモグモグバーガーに点数の差はない」が認められました。エミがそのことを店長に報告すると、店長は眉をひそめ、腕を組んだまま悩み続けています。

うーん……、有意な差はないけど、モグモグの方が評価は高いんだよね。

そうですけど、有意な差はないんだから、決して悪い結果じゃないんじゃないですか？

でもさ、平均評価はモグモグの方が高いってのが、すごーく気になるんだ。差があるかどうか、もっと詳しく調べる方法はないの？

えっ、もっと詳しくですか……、うーん、そんな方法あるのかな？

● 2種類とも食べて評価

困ったときのエビハラ頼み、さっそくエミはエビハラ先輩に教えを乞いに行きます。

そうねえ、もっと詳しく調べる方法か。前回やったのはt検定で、データのほうはと……、うん、そうだね、検定はこれ以上どうしようもないな。じゃあ、データの取り方から考え直してみよう。

データの取り方ですか？　前回取ってきたデータは確か、高校生一人に一個のハンバーガーを食べてもらって、その味にたいして点数をつけてもらいましたけど。

そう、食べたのは、一個だけだったよね。ということはつまり……。

そうか、モグモグとワクワクを比べて点数をつけたわけじゃないんだ。だから、今度は一人ずつ両方食べてもらって、それから点数をつけてもらえばいいのね。

そうそう、なかなかやるじゃないエミちゃん。すっかり統計学のセンスが身に付いてきたね！

第5章　もっと詳しく調べたい！ー t検定（対応あり）

5-1　1人に2種類を評価してもらう

👧 ということは、今度は無作為抽出した女子高生8人に、2種類のハンバーガーを食べて比較してもらって、それぞれのハンバーガーに点数をつけてもらえばいいのね。

👦 そうだね。でも、気をつけなければいけないこともあるよ。どちらのハンバーガーを先に食べるかによって評価に偏りがでるといけないので、半分の女子高生にはワクワクを先に、残りの半分の子にはモグモグを先に食べてもらってね。

新たなアンケートの結果は？

そんなわけで、女子高生8人に、2種類のハンバーガーを食べて比較してもらった結果が、次の表5-1-1です。並んでいる点数は、同じ女子高生が出した点数です。

表5-1-1　ワクワクバーガーとモグモグバーガーの点数比較

女子高生	ワクワクバーガーの点数	モグモグバーガーの点数
1	90	95
2	75	80
3	75	80
4	75	80
5	80	75
6	65	75
7	75	80
8	80	85
標本平均	76.88	81.25
標本分散	43.36	35.94

平均評価点数を計算すると、ワクワクバーガーは、76.88点で、モグモグバーガーは、81.25点でした。ワクワクの方が、4.38点だけ低い評価になりました。

ところで、第4章で「1人につき1個のハンバーガーを食べてもらった」評価では、ワクワクバーガーは、76.88点で、モグモグバーガーは、81.88点でした。ワクワクの方が、5.00点だけ低い評価になりました。

これと比較すると、今回の調査では、ワクワクとモグモグでは、差がなさそうに見えます。
　実際にそうなのでしょうか。検定をすることにしましょう。

第5章　もっと詳しく調べたい！——t検定（対応あり）

5-2 「対応がある」の意味

● 仮説検定の考え方を確認する

　それぞれの人が、ワクワクバーガーとモグモグバーガーの両方を食べて味を評価したときに、その間に意味のある差（有意差）があるかどうかを決める方法を考えていきましょう。

　仮説検定の考え方を思い出しましょう。次のようなステップでした。

1. まず、帰無仮説「差はない」を立てる。
　▼
2. 適当な指標を計算する。
　▼
3. その指標が起こる確率を計算する。
　▼
4. 確率に基づいて、帰無仮説を採択するか、棄却するかを決める。
   ・帰無仮説を採択した場合は、「意味のある差（有意差）はない」と結論する。
   ・帰無仮説を棄却した場合は、対立仮説を採択し、「差はないとはいえない、つまり意味のある差（有意差）がある」と結論する。

● 前回のt検定とどこが違うのか？

　今回もt検定を使います。しかし、前章でやったt検定と少しだけ違います（より簡単になっています！）。

　前のt検定では、「2つの独立した母集団から標本を選んでくる」という条件でした。つまり、これが、「それぞれの女子高生に1種類のハンバーガーを食べてもらう」ということに当たります。詳しく言うと、「ワクワ

クバーガーを食べた女子高生の点数の母集団と、モグモグバーガーを食べた女子高生の点数の母集団が独立している」と考えているわけです。

それに対して、今回のt検定では、「1つの母集団から標本を選んでくる」という条件になっています。1つの母集団とは何でしょうか？　それは「ワクワクバーガーとモグモグバーガーを食べた女子高生がつけた点数の差の母集団」ということです。つまり、ワクワクとモグモグを食べた女子高生がそれぞれに点数を付けて、その差を計算したもの、それを母集団とするということです。

これらの2つのt検定を区別します。

前のt検定を、**対応のないt検定**と呼びます。あるいは、単に**t検定**とも呼びます。

今回のt検定を、**対応のあるt検定**と呼びます。

「対応」の意味

「対応」というのは、次のような意味だと考えてください。

第4章で行ったt検定の場合では、ワクワクを食べた女子高生Aさんの点数から、モグモグを食べた別の女子高生Bさんの点数を引くことに意味があるでしょうか。ありませんね。だって、別の人ですから、直接比較できないですね。これを「対応がない」と表現しています。

しかし、今回のように、同じ女子高生Aさんが、ワクワクとモグモグを食べていれば、その点数の差を出すことには意味があります。なぜなら、同じ人が食べたのですから、直接比較できるはずです。これを「対応がある」と表現しています。

それが「対応」ということの意味です。

それでは次節で、対応のあるt検定をやっていきましょう。

5-3 対応のあるt検定を行う

● 対応のあるt検定のやり方

それでは、いよいよ「対応のあるt検定」を行います。

それぞれの女子高生について、ワクワクバーガーの点数からモグモグバーガーの点数を引いて「点数の差」を計算します。

表5-3-1　ワクワクバーガーとモグモグバーガーの点数の差

女子高生	ワクワクバーガーの点数	モグモグバーガーの点数	点数の差
1	90	95	-5
2	75	80	-5
3	75	80	-5
4	75	80	-5
5	80	75	5
6	65	75	-10
7	75	80	-5
8	80	85	-5
標本平均	76.88	81.25	-4.38
標本分散	43.36	35.94	15.23

点数の差は、平均が−4.38、標本分散が15.23となりました。つまりモグモグバーガーの方が4.38点だけ高い点数をもらったということになります。はたして、この点数の差は「意味のある差」なのかどうか。検定を行いましょう。

まず、次のような指標tを考えます。

t＝差の平均÷差の標準誤差

標準誤差は、母分散をサンプルサイズで割り、その平方根をとったものでした。

$$\text{差の標準誤差} = \sqrt{\text{母分散} \div \text{サンプルサイズ}}$$

ここで、母分散は不偏分散で推定しますので、

$$\text{差の標準誤差} = \sqrt{\text{不偏分散} \div \text{サンプルサイズ}}$$

ところで、不偏分散は、平均からの偏差（平均からの差）の平方和を（サンプルサイズ–1）で割ったものですから、

不偏分散÷サンプルサイズ
＝平均からの偏差の平方和÷（サンプルサイズ–1）÷サンプルサイズ
＝平均からの偏差の平方和÷サンプルサイズ÷（サンプルサイズ–1）
＝標本分散÷（サンプルサイズ–1）

となり、結局、次のようにも書けます。

$$\text{差の標準誤差} = \sqrt{\text{標本分散} \div (\text{サンプルサイズ}-1)}$$

最終的に t は、

$$t = \text{差の平均} \div \sqrt{\text{不偏分散} \div \text{サンプルサイズ}}$$

あるいは、

$$t = \text{差の平均} \div \sqrt{\text{標本分散} \div (\text{サンプルサイズ}-1)}$$

となります。

指標tを計算してみよう

それでは、実際にtを計算してみましょう。以下の数値は、小数点第3位で四捨五入してありますが、実際にExcelなどで計算する場合には、最大精度で計算してください。

まず、差の平均は、

差の平均 $=-4.38$

次に、差の標準誤差を求めます。

$$\text{差の標準誤差} = \sqrt{\text{標本分散}15.23 \div (\text{サンプルサイズ}8-1)}$$
$$= \sqrt{15.23 \div 7}$$
$$= 1.48$$

あるいは、不偏分散が17.41(標本分散15.23よりも少し大きい)ですので、これを使って、

$$\text{差の標準誤差} = \sqrt{\text{不偏分散}17.41 \div \text{サンプルサイズ}8}$$
$$= \sqrt{17.41 \div 8}$$
$$= 1.48$$

そうすると、tはこうなります。

$t = -4.38 \div 1.48 = -2.97$

t分布表を見る

さて、t=−2.97となりました。この値はどのくらいの確率で起こるのでしょうか。

MEMO — Excelで指標tを計算する

Excelで指標tを計算する場合は、次のような表を作るとよいでしょう。

	A	B	C	D
1	番号	ワクワクバーガーの点数	モグモグバーガーの点数	差
2	1	90	95	-5
3	2	75	80	-5
4	3	75	80	-5
5	4	75	80	-5
6	5	80	75	5
7	6	65	75	-10
8	7	75	80	-5
9	8	80	85	-5
10	サンプルサイズ	8	8	8
11	標本平均	76.88	81.25	-4.38
12	標本分散	43.36	35.94	15.23
13	不偏分散	49.55	41.07	17.41
14	差の標準誤差			1.48
15	t			-2.97

B11, C11, D11 はそれぞれ左のセルから、=VARP(B2:B9)、=VARP(C2:C9)、=VARP(D2:D9)

B13, C13, D13 はそれぞれ左のセルから、=VAR(B2:B9)、=VAR(C2:C9)、=VAR(D2:D9)

D14 = =SQRT(D12/(D10-1)) または、=SQRT(D13/D10)

D15 = =D11/D14

※計算結果は、それぞれ小数点第3位を四捨五入。

・不偏分散を求める関数

ExcelではVARP関数を使えば、標本分散を一度で求められます。ならば不偏分散はどうでしょうか。ご安心ください、不偏分散にもきちんと関数が用意されています。不偏分散は、VAR関数を使って求めることができます。

それを調べるために、おなじみのt分布表(次ページの表5-3-2)を使いましょう。ここで、自由度は、差のサンプルサイズ8から1を引いたもの、つまり7になります。

t分布表の自由度7のところを見てください。自由度7において、有意水準5%のtは2.365、有意水準1%のtは3.499と書いてあります。

いま、有意水準を5%に設定します。

表5-3-2 おなじみのt分布表

自由度	有意水準5%	有意水準1%
1	12.706	63.657
2	4.303	9.925
3	3.182	5.841
4	2.776	4.604
5	2.571	4.032
6	2.447	3.707
7	2.365	3.499
8	2.306	3.355
9	2.262	3.250
10	2.228	3.169
11	2.201	3.106
12	2.179	3.055
13	2.160	3.012
14	2.145	2.977
15	2.131	2.947
16	2.120	2.921
17	2.110	2.898
18	2.101	2.878
19	2.093	2.861
20	2.086	2.845
21	2.080	2.831
22	2.074	2.819
23	2.069	2.807
24	2.064	2.797
25	2.060	2.787
26	2.056	2.779
27	2.052	2.771
28	2.048	2.763
29	2.045	2.756
30	2.042	2.750
40	2.021	2.704
60	2.000	2.660
120	1.980	2.617
∞	1.960	2.576

さて、計算したtは−2.97でしたので、−2.365よりも小さく、5%有意水準での棄却域に入りました。したがって帰無仮説は棄却されます。結論としては、ワクワクとモグモグの評価点の平均には差があるということになります。

● 対応なしと対応ありを比較すると

　さて、対応のあるt検定では、4.38点の差について「ワクワクとモグモグの評価点の平均には差がある」という結論になりました。

　しかし、第4章で行った対応のないt検定の結論は、それより大きい5.00点の差があったのに「差がない」というものでした。

　これはどういうことなのでしょうか。

　対応のあるt検定では、同一個人内でデータを取るため、差の標準誤差が小さくなります。一方、対応のないt検定では、個人間でデータを取るため、個人差が大きくなり、差の標準誤差が大きくなります。

　標準誤差が小さくなるということは、信頼区間の幅が狭くなり、それだけ確実に真の値を推測できるということです。

　したがって、対応のあるt検定では、有意差を見いだす検出力が大きくなります。

　これが、対応のあるt検定では、対応のないt検定よりも、差が小さかったのに「有意な差（意味のある差）」を見いだすことができた理由です。

● 店長、意気込む

　より詳しく調べる方法を使えば有意差が出ることがあるんだ、と自分で調べた結果に感心しながら、エミは店長に報告します。

　店長、あの、言いにくいことなんですが…。

　え、何？　どうしたの？　また何かお客さんとトラブルとかぁ？

　いえいえ、とんでもない。例のアンケートなんですが、その後さらに調べてみたんです。

　うんうん、それで。

無作為抽出した女子高生8人に、今度は両方のハンバーガーを食べてもらって、点数をつけてもらいました。その結果、平均点を計算したら、モグモグバーガーのほうがワクワクバーガーよりも4.38点高かったんです……。

　あれ？　この間の5.00点より少ないんだね。で？

　で、今度は対応のあるt検定を行った結果、5％有意水準で、この平均には差がある、という結論が出ました。まことに残念ながら……。

　エミの言葉を聞いた店長は、黙り込んでしまいました。女子高生の評価がモグモグより低いことを知って、ショックを受けているのでしょうか。しかし、店長は突然高らかに宣言したのです。

　そうだ！　そういうはっきりした結果が聞きたかったんだよ！　よし、こうなったら味の改善につぐ改善だ！　待ってなさいよ、女子高生！

エミは、店長は少し女子高生の人気にこだわりすぎかな、と感じましたが、腕まくりでやる気を見せている真摯な店長の姿を見ると、仕事に真剣な生き方ってなかなかいいかも、と素直に思えてくるのでした。

P O I N T

対応のあるt検定の手続きのまとめ

❶帰無仮説を立てる。

「ワクワクバーガー(全体)とモグモグバーガー(全体)のおいしさの評価点には差がない」

❷帰無仮説の否定である、対立仮説を立てる。

「ワクワクバーガー(全体)とモグモグバーガー(全体)のおいしさの評価点には差がないとはいえない、つまり、差がある」

❸有意水準を決める。

通常は、厳しくて1%、少し甘くて5%にする

❹得られた標本を使って、指標tを計算する。

t＝差の平均÷$\sqrt{不偏分散÷サンプルサイズ}$

あるいは、

t＝差の平均÷$\sqrt{標本分散÷(サンプルサイズ-1)}$

❺標本の数から自由度を計算する。

自由度＝差のサンプルサイズ-1

❻t分布表の該当する自由度のところを見て、求めたtが棄却域に入っているかいないかを判定し、帰無仮説を棄却するか、採択するかを決める。

・もしtが棄却域に入っていなければ、帰無仮説を採択する

・もしtが棄却域に入っていれば、帰無仮説を棄却し、対立仮説を採択する

❼結論を決める。

・帰無仮説を採択した場合は、「ワクワクバーガー(全体)とモグモグバーガー(全体)のおいしさの評価点には差がない」

・対立仮説を採択した場合は、「ワクワクバーガー(全体)とモグモグバーガー(全体)のおいしさの評価点には差がないとはいえない、つまり、差がある」

column
コラム

何でも数値化できるの？

　5章では、ワクワクバーガーとモグモグバーガーのおいしさについて、100点満点で評価点をつけてもらいました。とはいえ、この点数の付け方は便宜的なものです。

　たとえば、50点の評価は100点の評価よりも「半分の」おいしさになっているはずですが、実際のところはそうなっていないでしょう。また、70点と80点のおいしさの違いは、80点と90点のおいしさの違いに等しい「10点分の違い」になっているはずですが、これもまたそうとは限らないでしょう。せいぜい、90点と80点と70点のハンバーガーがあるとすれば、この順番においしいということが言えるくらいの判断です。

　長さであれば、10センチは5センチの2倍であるし、重さであれば、70グラムと80グラムの差の10グラムは、80グラムと90グラムの差に等しいことになっています。長さや重さのように、かけ算・割り算ができるデータ（つまりゼロが決まっているデータ）を、比例尺度（あるいは比率尺度）と呼んでいます。また、かけ算・割り算はできないけれども、足し算・引き算ができるデータ（つまり間隔が一定のデータ）を間隔尺度と呼んでいます。物理の世界では、比例尺度や間隔尺度が多いのです。

●便宜的に、比例尺度や間隔尺度として扱う

　しかし、アンケートでデータが取られるような、人間の感覚や心理は、長さや重さのように厳格なデータではありません。せいぜい順番がわかる程度のものが多くあります。順番がつけられるデータのことを、順序尺度と呼びます。また、順番もつけられず単に区分するもの、たとえば性別や血液型などのデータのことを名義尺度と呼びます。心理の世界では、順序尺度や名義尺度が多くなります。

　順序尺度や名義尺度では、本来かけ算・割り算も足し算・引き算もできません。したがって平均値を求めることもできないわけです。しかし、これでは不便

です。そこで、ハンバーガーのおいしさのような心理量であっても、点数で評価することによって、便宜的に上位の尺度である比例尺度や間隔尺度と見なして、扱うことをしています。

確認テスト

問題 ある小学校で、算数の分数の計算を教えるためのマンガを使った新しい方法を開発した。はたしてこの方法に効果があるのかどうかを確かめたい。

以前、2クラスにそれぞれ新しい方法と従来の方法で教えた後、テストをおこなったところ、両クラスの平均得点の間には有意水準5%で有意な差はなかった。

そこで今回は、柳組1クラスの生徒18人に次のようなテストをした。分数の授業が終わったところでテストをした（事前テスト）。その後、マンガを使った分数の授業をおこない、その後もう一度テストをした（事後テスト）。

テストの点数データ（10点満点）は以下のようになった。これを対応のあるt検定によって分析したい。

●柳組18人の点数

事前テスト	9	8	10	7	5	9	10	10	8	10	10	6	8	9	10	9	10	9
事後テスト	9	9	10	7	6	10	10	9	8	10	7	8	10	10	10	10	10	10

①この検定での帰無仮説を言いなさい。
②この検定での対立仮説を言いなさい。
③t値を求めなさい（小数点第3位を四捨五入）。
④有意水準を1%としたとき、このt値から言えることは何か。
⑤以上の検定の結果を、わかりやすいことばで説明しなさい。

答えは➡p.166

第 6 章

3つ目の
ライバル店現る

分散分析（1要因）

(この章でわかること)

- 分散分析の考え方
- 分散分析表
- F分布

6-1 t検定が使えない?

店長の真剣な一面を見て、少しだけ(!?)店長を見直したエミですが、今日もまたアルバイトに出向くと、例によって店長が大騒ぎしています。えっ、ライバル店が増えたってほんと?

● 三つどもえのポテト競争

エミの姿を見るなり、店長が走り寄ってきました。

　大変だぁ～!

　な、何ですか、いきなり!?

　大変なんだよ。パクパクが、パクパクが!

　はあっ?(なに言ってんだか) パクパクって何ですか?

　バーガーパクパク亭だよっ。うちの店とモグモグの間に、バーガーパクパク亭ができるんだよっ! モグモグだけでも大変なのに、もうどうしよう……。

バーガーパクパク亭という、新しいライバル店の出現で、またまた店長は弱気になっているようです。

　エミちゃん、例の統計学で、また頼まれてくれないか。とりあえずうちは、ポテトが看板商品だから、t検定とやらをやって、3つのどのポテトが一番おいしいか調べてくれよ～!!!!

🧑‍🦰 例の統計学って……。まあでも、できないことはないでしょうから、ちょっと調べてみます。

毎度のことに慣れっこになってきたエミは、軽い気持ちで引き受け、これもまた例によってエビハラ先輩をあてにします。

👩 t検定で、3つのポテトに差があるかを調べる……か、うん、それはできないね。

👧 えっ、できないって……。そんなあ……。

今までの流れから、統計学なら何でもわかりそうな気がしていたエミは、絶句しました。

第6章 3つ目のライバル店現る ― 分散分析（1要因）

t検定が使えない理由

> いやいや、できないっていっても、t検定ではできないってことさ。t検定は、2つの標本間の平均の差を調べるものなので、標本が3つ以上になると、t検定は使っちゃダメなんだ。今回の場合だと、ワクワク、モグモグ、パクパクの3つだよね。

> え、だって、ワクワクとモグモグ、モグモグとパクパク、ワクワクとパクパク、この3つの組み合わせについてt検定をやればいい話じゃないんですか？

> それがダメなんだね。やっちゃいけないんだ。

「t検定を使ってはいけない」というのはどういうことでしょうか。t検定の話に入る前に、コイン投げの話をします。

　「コインを1回投げて、表が出る確率は？」

これは簡単ですね。$\frac{1}{2}$（0.5）です。

　「では、コインを2回投げて、少なくとも1回表が出る確率は？」

「少なくとも1回表が出る」というのは、「全部裏が出る」の反対の事象になります。

- 少なくとも1回表が出る＝（表と表）（表と裏）（裏と表）
- 全部裏が出る　　　　　＝（裏と裏）

つまり「少なくとも1回表が出る」確率は、全部の事象（確率は1）から2回とも裏が出る確率を引いたものになります。

$$1 - \left(\frac{1}{2} \times \frac{1}{2}\right) = 1 - 0.25 = 0.75$$

（1回目に裏が出る確率／2回目に裏が出る確率）

つまり、2回コインを投げると、少なくとも1回表が出る確率は、0.75 となり、1回しか投げなかったときの確率0.5よりも高くなりますね。

　「では、サイコロを2回振って、少なくとも1回は3の目が出る確率は？」

これは、全部の事象（確率1）から2回とも3以外の目が出る確率を引いたものになります。

$$1 - \left(\frac{5}{6} \times \frac{5}{6}\right) = 1 - (0.83 \times 0.83) = 1 - 0.69 = 0.31$$

（1回目に3以外が出る確率／2回目に3以外が出る確率）

つまり、2回サイコロを振ると、少なくとも1回3の目が出る確率は、0.31となり、1回しか振らなかったときの確率（$\frac{1}{6} = 0.17$）よりも高くなりますね。

このように、同じことを繰り返すと、特定のことが起こる確率が高くなるということがわかります。

t検定ではどうなるか

そこで、t検定の話に入ります。

A、B、Cの3つの標本があるとき、AとB、BとC、AとCの、3つにおいてt検定を行った場合、「少なくとも1つの組み合わせに、差が出る確率」は、1から「3つの組み合わせすべてに差が出ない確率」を引いたものになることがわかります。

それぞれの組み合わせにおいて、「差が出ない確率」は、全体の確率（1）から差が出る確率を引いたものになります。ここでは、差が出る確率を5％（0.05）としましょう。そうすると、差が出ない確率は、1－0.05となります。

そうすると「少なくとも1つの組み合わせに、差が出る確率」は次のようになります。

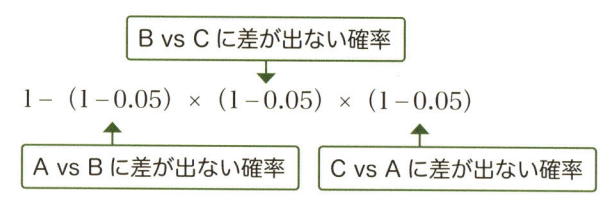

$$1-\underbrace{(1-0.05)}_{\text{A vs B に差が出ない確率}} \times \underbrace{(1-0.05)}_{\text{B vs C に差が出ない確率}} \times \underbrace{(1-0.05)}_{\text{C vs A に差が出ない確率}}$$

これを計算すると、

$$1-(0.95 \times 0.95 \times 0.95)$$
$$=1-0.857$$
$$=0.143$$

となります。

「少なくとも1つの組み合わせに、差が出る確率」は、0.143になり、1回だけのときの確率（0.05）に比べて、差が出る確率が高くなります。つまり、0.05から比べると3倍弱、確率が高くなります。

つまり、比較する回数が増えれば増えるほど、実際は差がないのに、差があるとされる確率が増えてしまうことになります。

これがt検定は3つ以上の標本間の差の検定には使えないという理由です。

6-2 分散分析を理解する

まずはデータの用意から

ここではt検定は使えないので、別の検定方法を考えなければなりません。その方法は**分散分析**といいます。

分散分析について説明する前に、まずデータを用意します。

ワクワク、モグモグ、パクパクのポテト20個ずつを手に入れて、駅に向かい、通行人合計60人に、ランダムにどれか1つのポテトを食べてもらいました。そして、そのおいしさについて、100点満点で点数をつけてもらいました。

表6-2-1が、それぞれのお店のポテトの評価データです。

表6-2-1　通行人合計60人にポテトを評価してもらった結果

ワクワク	モグモグ	パクパク
80	75	80
75	70	80
80	80	80
90	85	90
95	90	95
80	75	85
80	85	95
85	80	90
85	80	85
80	75	90
90	80	95
80	75	85
75	70	98
90	85	95
85	80	85
85	75	85
90	80	90
90	80	90
85	90	85
80	80	85

それぞれのお店の平均と標準偏差を計算すると、以下のようになります。

- ワクワク　　標本平均：84.00　　標準偏差：5.39
- モグモグ　　標本平均：79.50　　標準偏差：5.45
- パクパク　　標本平均：88.15　　標準偏差：5.34
- 3店全体　　標本平均：83.88　　標準偏差：6.45

標準偏差はどの店もだいたい同じで、評価の平均は、パクパク（88.15）、ワクワク（84.00）、モグモグ（79.50）の順で高いようです。また、全体の平均は、83.88でした。

MEMO　Excelで3店の平均と標準偏差を計算

Excelで計算してみましょう。なお、3店全体の場合は、関数で指定する範囲がB2セルからD21セルまでになります。

	A	B	C	D	E
1	番号	ワクワクバーガーの点数	モグモグバーガーの点数	パクパク亭の点数	3店全体
2	1	80	75	80	
3	2	75	70	80	
4	3	80	80	80	
5	4	90	85	90	
6	5	95	90	95	
16	15	85	80	85	
17	16	85	75	85	
18	17	90	80	90	
19	18	90	80	90	
20	19	85	90	85	
21	20	80	80	85	
22	サンプルサイズ	20	20	20	60
23	標本平均	84.00	79.50	88.15	83.88
24	標準偏差	5.39	5.45	5.34	6.45

=COUNT(B2:B21)
=AVERAGE(B2:B21)
=STDEVP(B2:B21)

=COUNT(B2:D21)
=AVERAGE(B2:D21)
=STDEVP(B2:D21)

※計算結果は小数点第3位を四捨五入。

帰無仮説、対立仮説を立てる

それでは、各平均が出揃ったところで、3つ以上の平均の差の検定方法について考えてみましょう。

最初に、帰無仮説を立てることから出発します。

帰無仮説は「3つのお店のポテトの評価(母集団)の平均に差はない」です。

もっと正確に言うと「3つのお店のポテトの評価(母集団)の平均のどの組み合わせにおいても差はない」ということです。

そうすると、対立仮説は「3つのお店のポテトの評価(母集団)の平均の少なくとも1つの組み合わせに差がある」となります。

ここで、対立仮説は「すべての組み合わせに差がある」ではないことに注意してください。そうではなく「少なくとも1つの組み合わせに差がある」ということです。「すべての組み合わせに差がある」場合もこの中に含まれることになります。

分散を分析するから「分散分析」

分散分析の考え方について説明していきましょう。

いま、3つのお店の評価データは、図6-2-2のようになっています(分布の形はいいかげんです)。

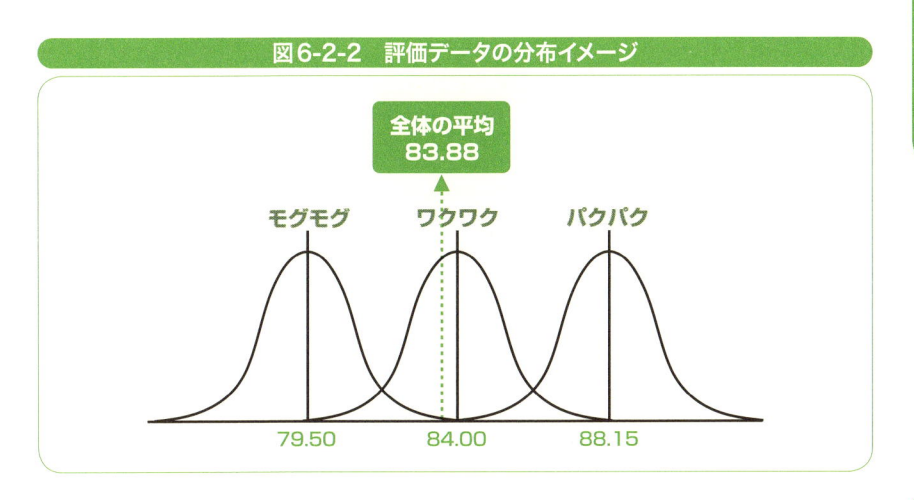

図6-2-2　評価データの分布イメージ

全体の平均
83.88

モグモグ　ワクワク　パクパク

79.50　84.00　88.15

モグモグの中の1つのデータについて考えます。次の図6-2-3の中の、●で示すものがそれです。このデータは、全体の平均から矢印の分だけズレています。

図6-2-3　全体の平均からのズレを考える

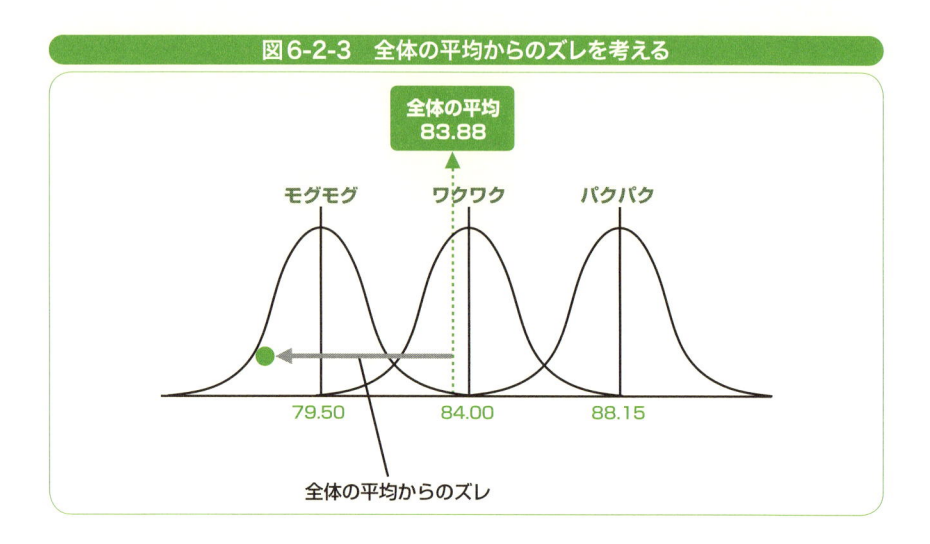

全体の平均
83.88

モグモグ　　ワクワク　　パクパク

79.50　　84.00　　88.15

全体の平均からのズレ

さらによく見ると、全体の平均からのズレは、「全体の平均とモグモグの平均のズレ」と「モグモグの平均からのズレ」に分解できます。それが次の図6-2-4です。

図6-2-4　全体の平均からのズレを分解

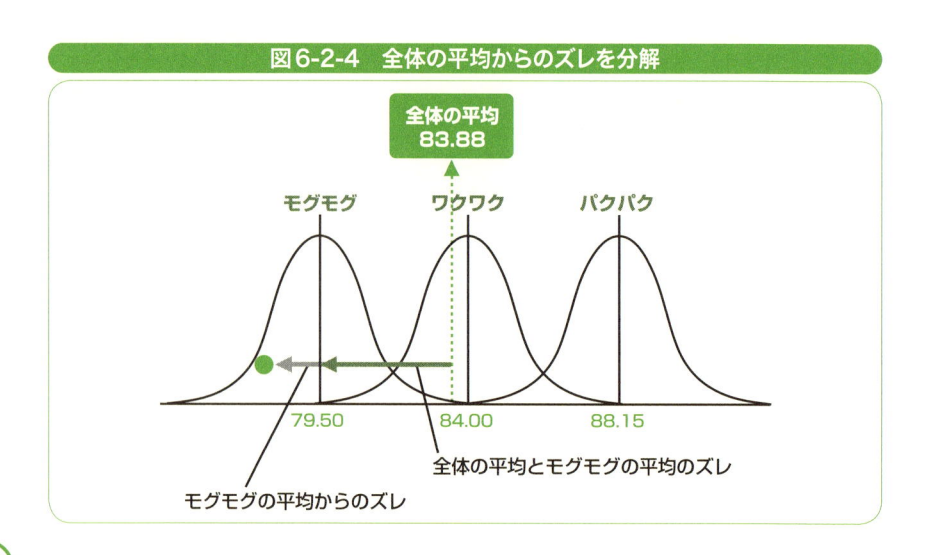

全体の平均
83.88

モグモグ　　ワクワク　　パクパク

79.50　　84.00　　88.15

全体の平均とモグモグの平均のズレ

モグモグの平均からのズレ

ここで、「全体の平均とモグモグの平均のズレ」は何を表しているかと考えると、これは全体の平均から各群（各標本集団）がどれほどズレているかということです。これを**群間のズレ**と呼びましょう。

　一方、「モグモグの平均からのズレ」は何を表しているかというと、群（標本集団）の中で、個々のデータがどれほどズレているかということです。これを**群内のズレ**と呼びましょう。

　そうすると、すべてのデータについて、全体の平均からのズレは、群間のズレと群内のズレに分解できます。

　つまり、すべてのデータについて、

全体の平均からのズレ＝群間のズレ＋群内のズレ

ということが成り立ちます。

群間のズレと群内のズレを比較する

　さて、群間のズレは、標本集団の間の違いを表しています。これが大きくなるということは、各群の平均が大きく異なるということです。

　一方、群内のズレは、同じ標本集団の中でのばらつきですので、「誤差」や「個人差」として扱うことができます。

　もし、群内のズレに比べて、群間のズレが大きければ、標本集団の間の違いが大きいということですから、「母集団の平均に差がない」という帰無仮説を棄却することになります。

　逆に、群内のズレに比べて、群間のズレが小さければ、標本集団の間の違いが大きいとはいえないですから、「母集団の平均に差がない」という帰無仮説を採択することになります。

　これが分散分析の考え方です。

6-3 分散分析を行う

● 分散分析の計算をしていこう

　それでは、この節では実際にデータを使って、分散分析の計算をしてみましょう。込み入った計算になるので、あわせてExcelの画面（図6-3-1）を使って説明していきます。

図6-3-1　Excelを使って計算

	A	B	C	D	E
1	番号	ワクワクバーガーの点数	モグモグバーガーの点数	パクパク亭の点数	3店全体
2	1	80	75	80	
3	2	75	70	80	
4	3	80	80	80	
5	4	90	85	90	
6	5	95	90	95	
7	6	80	75	85	
8	7	80	85	95	
9	8	85	80	90	
10	9	85	80	85	
11	10	80	75	90	
12	11	90	80	95	
13	12	80	75	85	
14	13	75	70	98	
15	14	90	85	95	
16	15	85	80	85	
17	16	85	75	85	
18	17	90	80	90	
19	18	80	80	90	
20	19	85	90	85	
21	20	80	80	85	
22	サンプルサイズ	20	20	20	60
23	標本平均	84.00	79.50	88.15	83.88
24	標準偏差	5.39	5.45	5.34	6.45

● ズレの平方和を計算する

　まず、全体のズレ、群間のズレ、群内のズレを計算します。
　ここまで、「ズレ」と呼んできたものは、各データについて平均からの差を2乗して足したものです。これは分散の計算のときにやりましたね。

これを**偏差平方和**、あるいは**ズレの平方和**、あるいは単に**平方和**と呼びます。

それでは、全体の平方和、群間の平方和、群内の平方和を求めましょう。

平方和をExcelで計算するには、まず、標本分散 (=VARP) を求めてから、それにサンプルサイズをかければ平方和になります。なぜなら、平方和をサンプルサイズで割ったものが標本分散だからです。

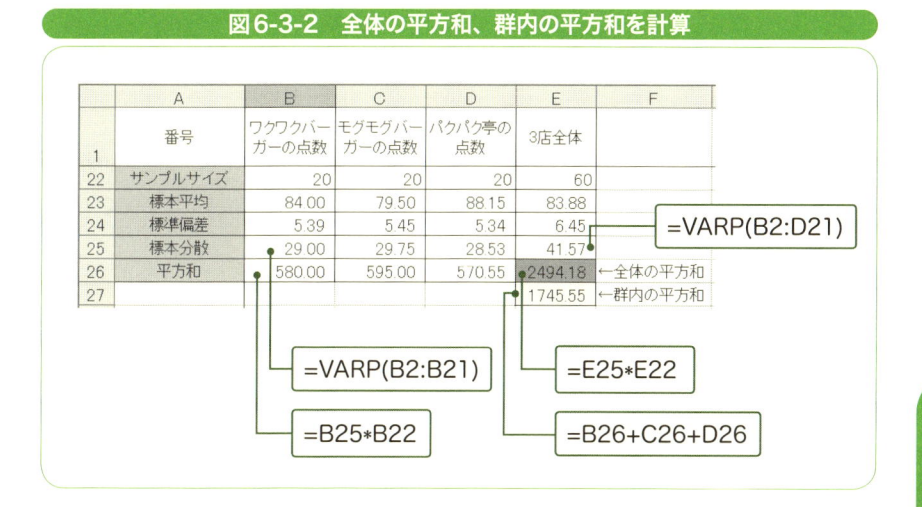

図6-3-2　全体の平方和、群内の平方和を計算

	A	B	C	D	E
1	番号	ワクワクバーガーの点数	モグモグバーガーの点数	パクパク亭の点数	3店全体
22	サンプルサイズ	20	20	20	60
23	標本平均	84.00	79.50	88.15	83.88
24	標準偏差	5.39	5.45	5.34	6.45
25	標本分散	29.00	29.75	28.53	41.57
26	平方和	580.00	595.00	570.55	2494.18	←全体の平方和
27					1745.55	←群内の平方和

- =VARP(B2:D21)
- =VARP(B2:B21)
- =B25*B22
- =E25*E22
- =B26+C26+D26

全体の平方和は、2494.18になります。また、群内の平方和は、各群で平方和を合計したもの、つまり580.00+595.00+570.55=1745.55、になります。

群間の平方和を計算する

全体の平方和と群内の平方和が計算できたので、次は群間の平方和です。

群間の平方和は、各群の群内平均と全体平均の差の2乗に各群のサンプルサイズをかけたものを合計します。

たとえば、ワクワクであれば、

$$(群内平均84.00 - 全体平均83.88)^2 × サンプルサイズ20$$

となります。

群間の平方和をExcelで計算したものが図6-3-3です。

図6-3-3　群間の平方和を計算

	A	B	C	D	E	F
1	番号	ワクワクバーガーの点数	モグモグバーガーの点数	パクパク亭の点数	3店全体	
22	サンプルサイズ	20	20	20	60	
23	標本平均	84.00	79.50	88.15	83.88	=(B23-E23)^2
24	標準偏差	5.39	5.45	5.34	6.45	
25	標本分散	29.00	29.75	28.53	41.57	
26	平方和	580.00	595.00	570.55	2494.18	←全体の平方和
27					1745.55	←群内の平方和
28	(群内平均−全体平均)の2乗	0.01	19.21	18.20		
29	×サンプルサイズ	0.27	384.27	364.09	748.63	←群間の平方和
30						

=B28*B22　　=B29+C29+D29

これで、平方和が全部出ました。これを検討すると

全体の平方和＝群内の平方和＋群間の平方和
2494.18 ≒ 1745.55+748.63

となっていることがわかります。

● 分散分析表を作る

分散分析は、分散分析表を作るとわかりやすくなります。分散分析表とは、表6-3-4のようなものです。

表6-3-4　分散分析表

要因	平方和	自由度	平均平方	F
群間				
群内				
全体				

この表の中に、計算した数値を入れていきます。まず、群間の平方和、群内の平方和、全体の平方和を入れます（表6-3-5）。

表6-3-5 平方和のデータを入れたところ

要因	平方和	自由度	平均平方	F
群間	748.63			
群内	1745.55			
全体	2494.18			

次に、自由度です。自由度は次のように決められます。

群間の自由度＝群の数－1

群内の自由度＝
（群1のサンプルサイズ－1）＋（群2のサンプルサイズ－1）
　＋（群3のサンプルサイズ－1）

全体の自由度＝各群のデータを合わせたサンプルサイズ－1

今回の数値を当てはめると、

群間の自由度＝3－1＝2

群内の自由度＝（20－1）＋（20－1）＋（20－1）＝57

全体の自由度＝60－1＝59

となります（表6-3-6）。

表6-3-6 自由度のデータを入れたところ

要因	平方和	自由度	平均平方	F
群間	748.63	2		
群内	1745.55	57		
全体	2494.18	59		

次は平均平方です。平方和を自由度で割ったものです（表6-3-7）。

群間の平均平方 = 748.63 ÷ 2 = 374.32

群内の平均平方 = 1745.55 ÷ 57 = 30.62

表6-3-7　平均平方のデータを入れたところ

要因	平方和	自由度	平均平方	F
群間	748.63	2	374.32	
群内	1745.55	57	30.62	
全体	2494.18	59		

最後に、Fを求めます。これは、群間の平均平方を群内の平均平方で割ったものです（表6-3-8）。

F = 374.32 ÷ 30.62 = 12.22

表6-3-8　Fを入れたところ

要因	平方和	自由度	平均平方	F
群間	748.63	2	374.32	12.22
群内	1745.55	57	30.62	
全体	2494.18	59		

これで分散分析表が完成しました。

● F分布表を見る

これまで、カイ2乗検定を行うときは「カイ2乗分布表」を見ました。また、t検定のときは「t分布表」を見ました。

分散分析では**F分布表**で棄却域を見ます。5％有意水準のF分布表は、表6-3-9のようになっています。

表6-3-9　5%有意水準のF分布表

群内の自由度	群間の自由度				
	1	2	3	4	5
10	4.96	4.10	3.71	3.48	3.33
20	4.35	3.49	3.10	2.87	2.71
30	4.17	3.32	2.92	2.69	2.53
40	4.08	3.23	2.84	2.61	2.45
50	4.03	3.18	2.79	2.56	2.40
60	4.00	3.15	2.76	2.53	2.37
70	3.98	3.13	2.74	2.50	2.35
80	3.96	3.11	2.72	2.49	2.33
90	3.95	3.10	2.71	2.47	2.32
100	3.94	3.09	2.70	2.46	2.31
200	3.89	3.04	2.65	2.42	2.26
300	3.87	3.03	2.63	2.40	2.24

　カイ2乗分布表も、t分布表も、自由度は1つでしたが、F分布表には自由度が2つあります。群内の自由度と群間の自由度の両方を指定する必要があるからです。

　今回は、群内の自由度が57ですので、一番近い60のところを見ます。さらに群間の自由度は2でしたので、2のところを見ます。

　そうすると、5%有意水準で、F=3.15が棄却域の境目であることがわかります。

　いま、計算したFは12.22でしたので、3.15より大きく、5%有意水準で棄却域に入ります。帰無仮説である「3つのお店のポテトの評価の平均に差はない」は棄却されました。

　つまり「3つのお店のポテトの評価の平均の、少なくとも1つの組み合わせには差がある」ということになります。

　どれとどれの間に差があるかはわかりませんが、少なくとも1つの組み合わせの間で差があるということになります。

● 1%有意水準ならどうか

　では、有意水準を1%としたときは、どうなるでしょうか。次ページの表6-3-10が1%有意水準のF分布表です。

1％有意水準では、F=4.98が棄却域の境目であることがわかります。したがって1％有意水準でも、帰無仮説である「3つのお店のポテトの評価の平均に差はない」は棄却されます。つまり「3つのお店のポテトの評価の平均の、少なくとも1つの組み合わせにおいて差がある」ということになります。

表6-3-10　1％有意水準のF分布表

群内の自由度	群間の自由度				
	1	2	3	4	5
10	10.04	7.56	6.55	5.99	5.64
20	8.10	5.85	4.94	4.43	4.10
30	7.56	5.39	4.51	4.02	3.70
40	7.31	5.18	4.31	3.83	3.51
50	7.17	5.06	4.20	3.72	3.41
60	7.08	4.98	4.13	3.65	3.34
70	7.01	4.92	4.07	3.60	3.29
80	6.96	4.88	4.04	3.56	3.26
90	6.93	4.85	4.01	3.53	3.23
100	6.90	4.82	3.98	3.51	3.21
200	6.76	4.71	3.88	3.41	3.11
300	6.72	4.68	3.85	3.38	3.08

　有意水準5％でも1％でも、「3つのお店のポテトの評価の平均の、少なくとも1つの組み合わせにおいて差がある」という結論になりました。でも、先輩、どの組み合わせで差があるのかを知るには、どうすればいいんででしょう。

　そうだねえ。さらに調べるためには、多重比較という方法がある。多重比較には何種類かのやり方があるけど、これを説明するにはちょっと時間が足りないね。それはまたの機会にさせてもらうよ。とりあえずは、分散分析だけはしっかり理解しておいたほうがいいだろうね。

●――店長渾身の新メニュー登場!?

　久しぶりに込み入った計算を行って頭の疲れたエミは、ひとまず「3つのお店のポテトの評価の平均の、少なくとも1つの組み合わせには差がある」という結論を店長に報告しようと、アルバイトに出向きました。

しかし、今日の店長は話しかける間もなく、今度の新メニューの準備に集中しているようです。ここしばらく店長は新メニューの開発で寝食を忘れる勢いでしたが、いったいどんな商品が出てくるのでしょう!?

POINT

❶帰無仮説を立てる。

「3つのお店の、ポテトの評価（母集団）の平均に差はない」

❷帰無仮説の否定である、対立仮説を立てる。

「3つのお店の、ポテトの評価（母集団）の平均の、少なくとも1つの組み合わせに差がある」

❸有意水準を決める。

通常は、厳しくて1%、少し甘くて5%にする。

❹得られた標本を使って、全体の平方和、群間の平方和、郡内の平方和を計算する。

❺分散分析表を作り、自由度、平均平方を計算する。

　　群間の自由度＝群の数−1

　　群内の自由度＝（群1のサンプルサイズ−1）+（群2のサンプルサイズ−1）
　　　　　　　　＋（群3のサンプルサイズ−1）

　　全体の自由度＝各群のデータを合わせたサンプルサイズ−1

　　平均平方＝平方和÷自由度

❻指標Fを計算する。

　　F＝群間の平均平方÷群内の平均平方

❼F分布表の該当する自由度のところを見て、求めたFが棄却域に入っているかいないかを判定し、帰無仮説を棄却するか、採択するかを決める。

・もしFが棄却域に入っていなければ、帰無仮説を採択する

・もしFが棄却域に入っていれば、帰無仮説を棄却し、対立仮説を採択する

❽結論を決める。

・帰無仮説を採択した場合は、「3つのお店のポテトの評価（母集団）の平均に差はない」

・対立仮説を採択した場合は、「3つのお店のポテトの評価（母集団）の平均の、少なくとも1つの組み合わせに差がある」

column コラム

ソフトで一発計算してはだめなの？

　ここまで、Excelの計算式や関数を使って計算をしてきました。Excelでは統計学で使う関数も多数用意されているのですが、できるだけ関数を使わず、まずは単純な計算式を組み合わせてきました。そうすることによって、統計計算のしくみとその意味がよくわかるのではないかと考えたからです。

　しかし、次の章の2要因の分散分析あたりまできますと、計算量が急に増えてきます。この本では取り上げていませんが、3要因以上の分散分析では計算量が多いので、Excelを使っても大変かもしれません。

　実際には、Excelのアドインなどをはじめとして、Web上で計算を実行してくれるもの、また、フリーまたは有料のさまざまな種類の統計ソフトが流通しています。それらのソフトを使えば、統計的な数値は簡単に求めることができます。

●ソフトを使うとしても、考え方が重要

　しかしそれでも、統計の考え方をしっかり押さえておくことが重要です。統計ソフトでは計算は自動的に行ってくれます。しかし、誤った使い方（たとえば3個以上の平均値にt検定を何度も繰り返してしまうなど）を指摘してくれることはありません。また、計算された数値の意味を解釈してくれるわけでもありません。こうしたことは、統計ソフトのユーザーとして、統計手法のしくみや、計算結果の解釈の仕方などを知った上で、統計ソフトを使う必要があります。

　最後に、Web上で統計計算をしてくれるサイトを紹介しておきます。これらのサイトは私もよく利用させてもらっています。

※紹介しているURLは、平成19年8月現在のものです。その後予告なく変更される場合がありますので、ご了承ください。

・群馬大学社会情報学部 青木繁伸先生が公開している「Black-Box」
http://aoki2.si.gunma-u.ac.jp/BlackBox/BlackBox.html

・上越教育大学 田中敏先生が開発したプログラムを移植し、中野博幸先生が公開している「JavaScript-STAR」
http://www.kisnet.or.jp/nappa/software/star/

確認テスト

問題 ある小学校で、算数の分数の計算を教えるためのマンガを使った新しい教材を開発した。しかし、この教材の効果は従来のものと比べ、はっきりした差は見られなかった。そこで今回はさらにマンガとテキストをデザインし直して新しいマンガ教材を開発した。

この効果を調べるために、あるクラスでは従来の教材で教え（統制群）、別のクラスでは以前のマンガ教材で教え（旧マンガ群）、もうひとつ別のクラスでは新しいマンガ教材で教えた（新マンガ群）。一日おいて、分数の計算テストをした。

テストの点数データ（10点満点）は以下のようになった。これを分散分析したい。

- 統制群：
  6,5,7,6,8,4,6,5,8,4,5,6,5,4,5
- 旧マンガ群：
  5,6,9,7,7,6,8,5,6,9,5,4,7,6
- 新マンガ群：
  6,8,9,6,8,6,9,7,6,5,9,6,10,8,9,6

① 3つの群における、平均と標準偏差を求めなさい（小数点第3位を四捨五入）。
② この検定での帰無仮説を言いなさい。
③ この検定での対立仮説を言いなさい。
④ 分散分析表を作りなさい（小数点第3位を四捨五入）。
⑤ 有意水準を1%としたとき、この分散分析表から言えることを書きなさい。
⑥ 以上の検定の結果を、わかりやすいことばで説明しなさい。

答えは➡p.166

第7章

新メニューで差をつけろ

分散分析（2要因）

（この章でわかること）

- 2要因の分散分析
- 要因と水準
- 主効果
- 交互作用

7-1 2つの要因を扱う

ライバル店に追いつけ追い越せとばかり、店長は新メニューの開発に取り組んできました。あの味がいいのか、それともこの味がいいのか、はたまたあの味とこの味を足して……と試行錯誤の日々。うーん、何が決め手になるんだろう？　教えて、統計学！

● ここらで一勝負！　でも、どんな味で？

　　今日も店長はハンバーガーショップの激戦地で戦っています。中でも新規参入店であるバーガーパクパク亭の打倒を目指して、店長は熱く燃えているようです。

　エミちゃん、ちょっと見てくれないか！　新メニューなんだけどさ。これでパクパクにがつーんと差をつけたいんだ！

エミが呼ばれて見てみると、店長自ら開発した新メニューとは、「クリスピーチキン」と「辛口チキン」でした。

　へえ〜、すごいじゃないですか。新メニューが2つもあるなんて！

　で、ここで相談があるんだけどね……。

　ん？　統計学で何かを調べるわけですね。さすがに展開が読めるようになりましたよ、私。

実はさぁ、クリスピーチキンと、辛口チキンを組み合わせる、っていう案も出ているんだよ。辛口クリスピーチキンのように、組み合わせたほうがいいのかなぁ？ それともクリスピーと辛口は、それぞれ別々の商品にしたほうがいいのかなぁ？ 調べてみてくれる、エミちゃん？（小声で）バイト代はずむよ。

最後の一言が効いたのか、それともエミの向学心がそうさせたのは定かではありませんが、この際乗りかけた船、エミは統計学を極めてみたいと思ったのです。いつもはエビハラ先輩に教えてもらってばかりだったエミですが、今回は、ひとりで問題を解くことに決めました。図書館で、やさしそうな統計学の本を開いては、あれこれ調べ始めます。

毎回教えてもらうのもエビハラ先輩にも悪いしね。ええと、この『統計学がわかる』という本によると、今回のような場合は、2要因の分散分析を使うのか……。

第7章 新メニューで差をつけろ ── 分散分析（2要因）

7-1 2つの要因を扱う

要因と水準

エミが言っていた2要因の分散分析とはいったい何でしょうか。

まず、観測データに影響を与えそうな原因を**要因**と呼びます。この場合、クリスピーか普通の衣かという「食感」は、お客さんの好みに影響を与えそうなので、要因としてとらえられます。

また、要因の中の条件の違いのことを**水準**と呼びます。この場合は、食感がクリスピーであるか、普通の衣であるかということです。

表にしてみると、表7-1-1のようになります。

表7-1-1 食感を要因とした場合の水準

要因	水準1	水準2
食感	クリスピー	普通の衣

また、同じように考えると、辛口か普通味かという「味付け」も要因としてとらえられます。

この要因の水準は、辛口か普通味かということになります。それをまとめたのが次の表7-1-2です。

表7-1-2 味付けを要因とした場合の水準

要因	水準1	水準2
味付け	辛口	普通味

つまり、要因が2つあるということです。それぞれの要因について、2つの水準がありますので、表7-1-3のように、全部で4種類のチキンが考えられます。

表7-1-3 要因から考えられる4種類のチキン

食感の要因	クリスピー		普通の衣	
味付けの要因	辛口	普通味	辛口	普通味
種類（条件）	クリスピーで辛口	クリスピーで普通味	普通の衣で辛口	普通の衣で普通味

ところで前章では、要因はお店の違いでした。そして、水準はワクワク、モグモグ、パクパクの3つがありました。表7-1-4のような感じです。

表7-1-4 要因から考えられる4種類のチキン

要因	水準1	水準2	水準3
お店の違い	ワクワク	モグモグ	パクパク

これを**1要因の分散分析**と呼びます。要因が1つだからです。そして、今回の分散分析は**2要因の分散分析**となります。今見てきたように、要因が2つだからです。

データを集める

さて今回は、4種類のチキンをそれぞれ15個ずつ作り、街の人60人に食べてもらい、そのおいしさについて100点満点で点数をつけてもらいました。そのデータは表7-1-5のようになりました。

表7-1-5 要因から考えられる4種類のチキン

クリスピー		普通の衣	
辛口	普通味	辛口	普通味
65	65	70	70
85	70	65	70
75	80	85	85
85	75	80	80
75	70	75	65
80	60	65	75
90	65	75	65
75	70	60	85
85	85	85	80
65	60	65	60
75	65	75	70
85	75	70	75
80	70	65	70
85	80	80	80
90	75	75	85

それぞれの平均と標準偏差を計算すると、表7-1-6のようになります。

表7-1-6　要因から考えられる4種類のチキン

食感の要因	クリスピー		普通の衣	
味付けの要因	辛口	普通味	辛口	普通味
サンプルサイズ	15	15	15	15
標本平均	79.67	71.00	72.67	74.33
標準偏差	7.63	7.12	7.50	7.72

● ズレの分解

　前章の1要因の分散分析の場合は、ズレを図7-1-7のように分解しました。

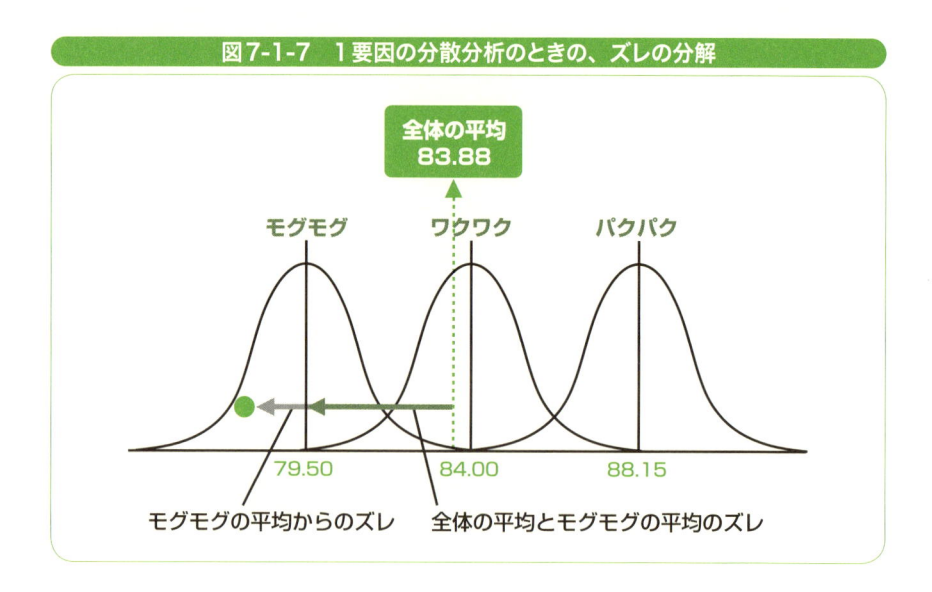

図7-1-7　1要因の分散分析のときの、ズレの分解

全体の平均
83.88

モグモグ　　ワクワク　　パクパク

79.50　　　84.00　　　88.15

モグモグの平均からのズレ　　全体の平均とモグモグの平均のズレ

　このように考えて、全体の平均からのズレを、群間のズレと群内のズレに分解しました。

全体の平均からのズレ＝群間のズレ＋群内のズレ

ということです。
　さて、今回は、要因が2つあるので、ちょっと複雑になります。
　要因が2つあると、食感の要因（クリスピーか普通の衣か）によるズレ

と、味付けの要因（辛口か普通味か）によるズレが考えられます。

全体の平均からのズレ＝
　　食感の要因によるズレ＋味付けの要因によるズレ＋残りのズレ（残差）

となります。残りのズレのことを**残差**と呼びましょう。これは1要因の分散分析では「群内のズレ」に当たります。

また、1つの要因の単独の効果を**主効果**といいます。ここでは、食感の要因による主効果と、味付けの要因による主効果の2つの主効果があります。

● 交互作用を考慮する

ズレはこの3つだけでよいでしょうか？

いえ、不足しています。たまたま、食感（クリスピーか普通の衣）にかかわらず、味付けの要因によるズレが一定ならば、この式であっています。しかし、そうでないことも多いのです。

つまり、「食感の要因と味付けの要因の2つが組み合わさって生じるズレ」を考える必要があります。少しわかりにくいですが、こう考えてください。

- 「衣がクリスピーだろうが、普通だろうが、味付けを辛口にすると一定の効果がある」というのであれば、主効果によるズレだけでよい。

▼

- しかし、そうでないことも多い。

▼

- たとえば、衣がクリスピーのときに味付けを辛口にすると、効果が大きいけれども、普通の衣のときに味付けを辛口にしても、それほど効果は大きくない、というような場合だ。

▼

- つまり、食感の要因と味付けの要因の組み合わせによって効果が変わることも多い。

▼

第7章　新メニューで差をつけろ ── 分散分析（2要因）

7-1　2つの要因を扱う

・したがって、要因の組み合わせによるズレを考えに入れる必要がある。

組み合わせによるズレを式に入れてみると、次のようになります。

全体の平均からのズレ＝
　食感の要因によるズレ＋味付けの要因によるズレ＋
　食感の要因と味付けの要因の組み合わせによるズレ＋残りのズレ（残差）

2つの要因の組み合わせによって起こる効果を**交互作用**といいます。もっと簡単に書き直すと次のようになります。

全体のズレ＝
　要因1によるズレ＋要因2によるズレ＋
　交互作用によるズレ＋残りのズレ（残差）

交互作用については、重要ですので、あとでもう一度説明します。

● 2要因の分散分析

2要因の分散分析の考え方を説明します。

全体のズレ＝
　要因1によるズレ＋要因2によるズレ＋
　交互作用によるズレ＋残りのズレ（残差）

ということなので、残りのズレ（残差）を基準にして、要因1によるズレ、要因2によるズレ、交互作用によるズレの3つの大きさを検討します。つまり、次のように考えます。

・残差に対して、要因1によるズレが大きければ、主効果1が大きいことがわかる。

・残差に対して、要因2によるズレが大きければ、主効果2が大きいことがわかる。

・残差に対して、交互作用によるズレが大きければ、交互作用が大きいことがわかる。

2要因の分散分析の帰無仮説は、

「要因1による差がなく、要因2による差がなく、また交互作用による差もない」

となります。そうすると対立仮説はその否定で、

「要因1による差があるか、要因2による差があるか、または、交互作用による差があるか、どれか1つが成り立つ」

となります。

これは、具体的には、次のような7つの場合があります。

・Aの主効果だけが有意
・Bの主効果だけが有意
・交互作用だけが有意
・Aの主効果とBの主効果が有意
・Aの主効果と交互作用が有意
・Bの主効果と交互作用が有意
・Aの主効果とBの主効果と交互作用のすべてが有意

これを検定するのが、2要因の分散分析ということになります。

7-2 2要因の分散分析表

分散分析の計算をする

それではここからは、具体的に計算していきましょう。

まず、1要因の分散分析でやったように、各群のサンプルサイズ、標本平均、標準偏差、標本分散、平方和を計算します。以下のようになります。

- クリスピー／辛口
    サンプルサイズ：15　標本平均：79.67　標準偏差：7.63
    標本分散：58.22　平方和：873.33

- クリスピー／普通味
    サンプルサイズ：15　標本平均：71.00　標準偏差：7.12
    標本分散：50.67　平方和：760.00

- 普通の衣／辛口
    サンプルサイズ：15　標本平均：72.67　標準偏差：7.50
    標本分散：56.22　平方和：843.33

- 普通の衣／普通味
    サンプルサイズ：15　標本平均：74.33　標準偏差：7.72
    標本分散：59.56　平方和：893.33

これをExcelを使って計算した場合、たとえば図7-2-1のようになります。

図7-2-1 各群のサンプルサイズ、標本平均、標準偏差、標本分散、平方和を計算

	A	B	C	D	E
1	番号	クリスピー		普通の衣	
2		辛口	普通味	辛口	普通味
3	1	65	65	70	70
4	2	85	70	65	70
5	3	75	80	85	85
6	4	85	75	80	80
～	～	～	～	～	～
16	14	85	80	80	80
17	15	90	75	75	85
18	サンプルサイズ	15	15	15	15
19	標本平均	79.67	71.00	72.67	74.33
20	標準偏差	7.63	7.12	7.50	7.72
21	標本分散	58.22	50.67	56.22	59.56
22	平方和	873.33	760.00	843.33	893.33

- B18: =COUNT(B3:B17)
- B19: =AVERAGE(B3:B17)
- B20: =STDEVP(B3:B17)
- B21: =VARP(B3:B17)
- B22: =B21*B18

※計算結果は小数点第3位を四捨五入。

次に、要因ごとにまとめて、同じように計算します。つまり、クリスピー条件であれば、30個のデータについて、サンプルサイズ、標本平均、標準偏差、標本分散、平方和を計算するのです。

まず、クリスピーの30個のデータ、普通の衣の30個のデータについて、それぞれ標本平均などを計算します。図7-2-2のようにExcelで計算する場合、クリスピー30個のデータ範囲はB3：C17になります。普通の衣30個のデータ範囲はD3：E17です。

図7-2-2 要因ごとにまとめて計算

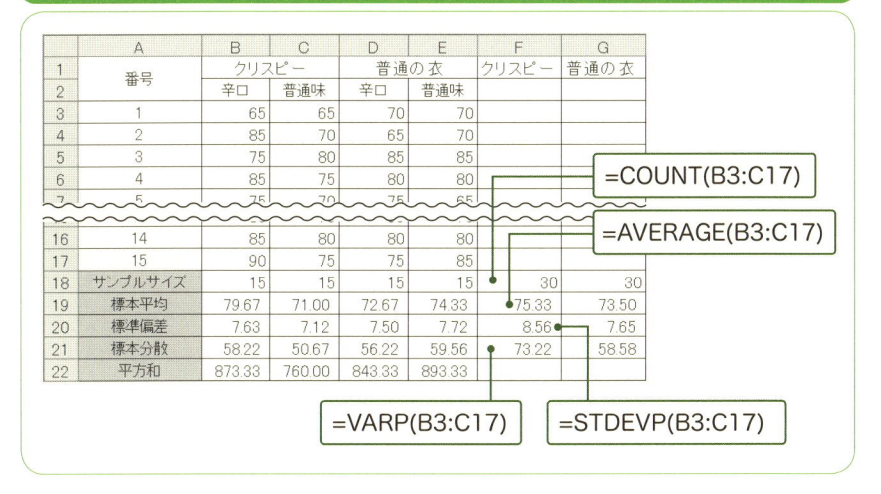

	A	B	C	D	E	F	G
1	番号	クリスピー		普通の衣		クリスピー	普通の衣
2		辛口	普通味	辛口	普通味		
3	1	65	65	70	70		
4	2	85	70	65	70		
5	3	75	80	85	85		
6	4	85	75	80	80		
7	5	75	70	65			
～	～	～	～	～	～		
16	14	85	80	80	80		
17	15	90	75	75	85		
18	サンプルサイズ	15	15	15	15	30	30
19	標本平均	79.67	71.00	72.67	74.33	75.33	73.50
20	標準偏差	7.63	7.12	7.50	7.72	8.56	7.65
21	標本分散	58.22	50.67	56.22	59.56	73.22	58.58
22	平方和	873.33	760.00	843.33	893.33		

- F18: =COUNT(B3:C17)
- F19: =AVERAGE(B3:C17)
- F21: =VARP(B3:C17)
- F20: =STDEVP(B3:C17)

また、辛口条件であれば、B列とD列の2列のデータを範囲としますが、そのとき、範囲の指定は、「B3:B17,D3:D17」のように、1列ごとにコンマ「,」で区切ることで指定できます。次の図7-2-3を参考にしてください。

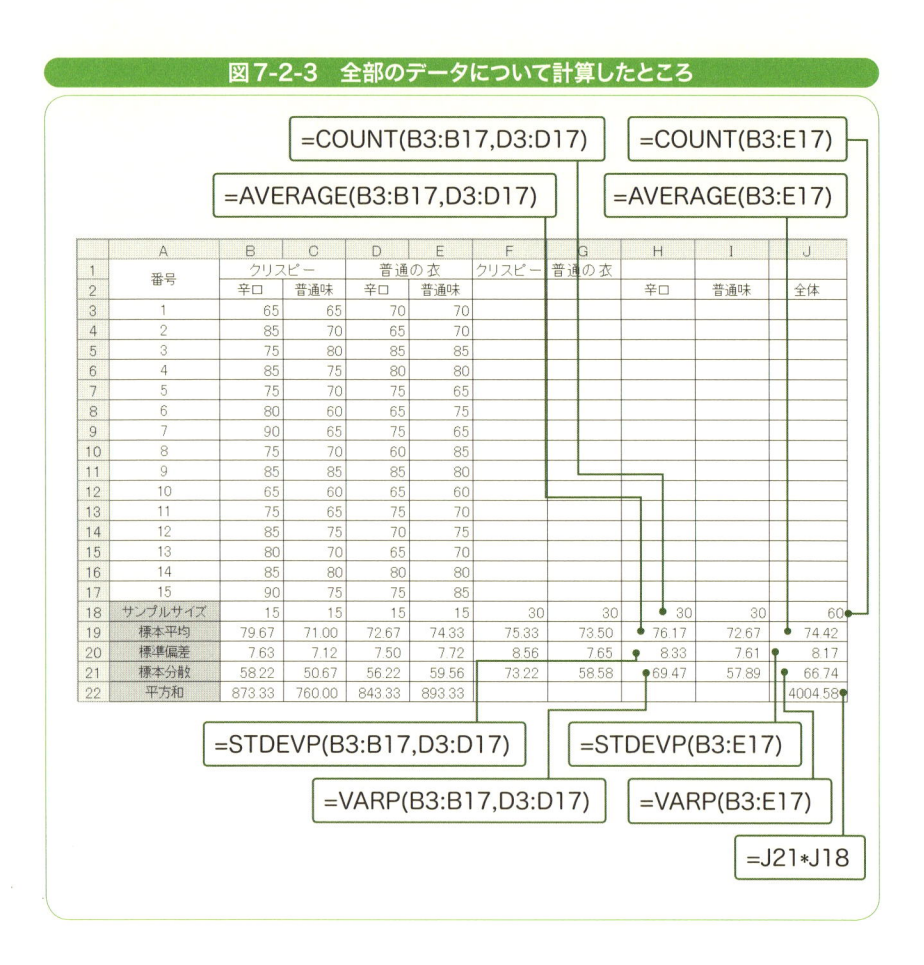

図7-2-3　全部のデータについて計算したところ

=COUNT(B3:B17,D3:D17)　　=COUNT(B3:E17)

=AVERAGE(B3:B17,D3:D17)　　=AVERAGE(B3:E17)

	A	B	C	D	E	F	G	H	I	J
1	番号	クリスピー		普通の衣		クリスピー	普通の衣			
2		辛口	普通味	辛口	普通味			辛口	普通味	全体
3	1	65	65	70	70					
4	2	85	70	65	70					
5	3	75	80	85	85					
6	4	85	75	80	80					
7	5	75	70	75	65					
8	6	80	60	65	75					
9	7	90	65	75	65					
10	8	75	70	60	85					
11	9	85	85	85	80					
12	10	65	60	65	60					
13	11	75	65	75	70					
14	12	85	75	70	75					
15	13	80	70	65	70					
16	14	85	80	80	80					
17	15	90	75	75	85					
18	サンプルサイズ	15	15	15	15	30	30	30	30	60
19	標本平均	79.67	71.00	72.67	74.33	75.33	73.50	76.17	72.67	74.42
20	標準偏差	7.63	7.12	7.50	7.72	8.56	7.65	8.33	7.61	8.17
21	標本分散	58.22	50.67	56.22	59.56	73.22	58.58	69.47	57.89	66.74
22	平方和	873.33	760.00	843.33	893.33					4004.58

=STDEVP(B3:B17,D3:D17)　　=STDEVP(B3:E17)

=VARP(B3:B17,D3:D17)　　=VARP(B3:E17)

=J21*J18

　最後に、全体のデータについても同じように計算します。最終的に図7-2-3のように計算できればOKです。

要因1によるズレを計算する

全体のズレに関する式を確認しておきましょう。

**全体のズレ＝要因1によるズレ＋要因2によるズレ＋
交互作用によるズレ＋残りのズレ（残差）**

まず、要因1（食感）によるズレを計算します。なお、以下の数値は小数点第3位で四捨五入してありますが、Excelなどでの実際の計算では、最大精度で計算してください。

クリスピーの平均（75.33）と全体の平均（74.42）の差の2乗を計算し、それをサンプルサイズ倍します。普通の衣の平均（73.50）と全体の平均（74.42）の差の2乗を計算し、それをサンプルサイズ倍します。そしてこの2つを足して、要因1によるズレとします。

$$\text{要因1によるズレ} = (75.33 - 74.42)^2 \times 30 + (73.50 - 74.42)^2 \times 30 = 50.42$$

要因2によるズレを計算する

次に、要因2（味付け）によるズレを計算します。

辛口の平均（76.17）と全体の平均（74.42）の差の2乗を計算し、それをサンプルサイズ倍します。普通味の平均（72.67）と全体の平均（74.42）の差の2乗を計算し、それをサンプルサイズ倍します。そしてこの2つを足して、要因2によるズレとします。

$$\text{要因2によるズレ} = (76.17 - 74.42)^2 \times 30 + (72.67 - 74.42)^2 \times 30 = 183.75$$

● 交互作用によるズレを計算する

次は、交互作用によるズレです。

これは、要因1と要因2によってできる、全部の群における平均と全体の平均とのズレを計算し、そこから、要因1によるズレと要因2によるズレを引きます。つまり、

交互作用によるズレ＝
　各群の平均のズレ−要因1によるズレ−要因2によるズレ

ということです。

そこで、まず各群の平均のズレを計算します。各群の平均と全体の平均とのズレを計算し、サンプルサイズ倍して、足していきます。

$$\begin{aligned}各群の平均のズレ &= (79.67-74.42)^2 \times 15 + (71.00-74.42)^2 \times 15 + \\ &\quad (72.67-74.42)^2 \times 15 + (74.33-74.42)^2 \times 15 \\ &= 413.44+175.10+45.94+0.10 \\ &= 634.58\end{aligned}$$

交互作用によるズレを計算します。

$$\begin{aligned}交互作用によるズレ &= 各群の平均のズレ−要因1によるズレ \\ &\quad −要因2によるズレ \\ &= 634.58-50.42-183.75 \\ &= 400.42\end{aligned}$$

● 残りのズレ（残差）を計算する

最後に、残りのズレ（残差）を計算します。

これはすでに計算してある群内の平方和を足したものです。

$$残りのズレ（残差）= 873.33+760.00+843.33+893.33$$
$$= 3370.00$$

Excelでは、図7-2-4のようになります。

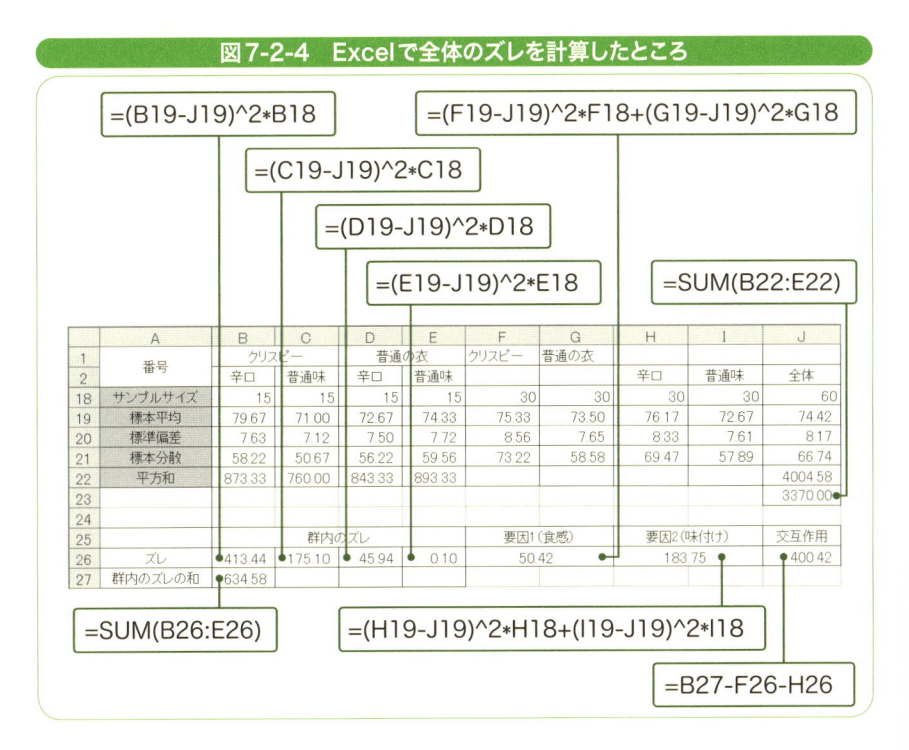

図7-2-4　Excelで全体のズレを計算したところ

=(B19-J19)^2*B18
=(C19-J19)^2*C18
=(D19-J19)^2*D18
=(E19-J19)^2*E18
=(F19-J19)^2*F18+(G19-J19)^2*G18
=SUM(B22:E22)

	A	B	C	D	E	F	G	H	I	J
1		クリスピー		普通の衣		クリスピー		普通の衣		
2	番号	辛口	普通味	辛口	普通味			辛口	普通味	全体
18	サンプルサイズ	15	15	15	15	30	30	30	30	60
19	標本平均	79.67	71.00	72.67	74.33	75.33	73.50	76.17	72.67	74.42
20	標準偏差	7.63	7.12	7.50	7.72	8.56	7.65	8.33	7.61	8.17
21	標本分散	58.22	50.67	56.22	59.56	73.22	58.58	69.47	57.89	66.74
22	平方和	873.33	760.00	843.33	893.33					4004.58
23										3370.00
24										
25			群内のズレ			要因1(食感)		要因2(味付け)		交互作用
26	ズレ	413.44	175.10	45.94	0.10	50.42		183.75		400.42
27	群内のズレの和	634.58								

=SUM(B26:E26)
=(H19-J19)^2*H18+(I19-J19)^2*I18
=B27-F26-H26

分散分析表を作る

以上の数値を元に、分散分析表を作ります。

まず、計算したズレを平方和の列に入れます（表7-2-5）。

表7-2-5　平方和の列に計算したズレを入れる

要因	平方和	自由度	平均平方	F
要因1	50.42			
要因2	183.75			
交互作用	400.42			
残差	3370.00			
全体	4004.58			

次に、自由度を入れます。

要因1、要因2の自由度は、それぞれの中の条件数（群の数）から1を引いたものになります。たとえば、要因1はクリスピーと普通の衣の2条件なので、2-1=1です。

交互作用の自由度は、それぞれの要因の自由度をかけ算したものになります。

全体の自由度は、全体のサンプルサイズから1を引いたものになります。ここでは全体のサンプルサイズが60なので、60-1=59になります。

残差の自由度は、全体の自由度から、要因1、要因2、交互作用の自由度を引いたものになります。よって、残差の自由度は59-3=56となります（表7-2-6）。

表7-2-6 自由度を入れる

要因	平方和	自由度	平均平方	F
要因1	50.42	1		
要因2	183.75	1		
交互作用	400.42	1		
残差	3370.00	56		
全体	4004.58	59		

次に、平均平方を計算します。平均平方は平方和を自由度で割り算したものです（表7-2-7）。

表7-2-7 平均平方を入れる

要因	平方和	自由度	平均平方	F
要因1	50.42	1	50.42	
要因2	183.75	1	183.75	
交互作用	400.42	1	400.42	
残差	3370.00	56	60.18	
全体	4004.58	59		

最後に、Fを計算します。要因1、要因2、交互作用の平均平方をそれぞれ、残差の平均平方で割ったものがFになります（表7-2-8）。

表7-2-8 Fを計算

要因	平方和	自由度	平均平方	F
要因1	50.42	1	50.42	0.84
要因2	183.75	1	183.75	3.05
交互作用	400.42	1	400.42	6.65
残差	3370.00	56	60.18	
全体	4004.58	59		

これで分散分析表が完成しました。Excelでも先のシートを利用して、同様の表が作成できると思います。

有意差を見る

分散分析表のFの値を見て、それが棄却域に入るかどうかを判定します。要因1では、群内の自由度（残差の自由度にあたります）が56（近いところで60）、群間の自由度が1になります。

F分布表（表7-2-9、7-2-10）を見ると、5%有意水準で、F=4.00、1%有意水準で、F=7.08、となりますので、要因1のF=0.84というのは、いずれの棄却域にも入りません。

したがって、「食感の要因による点数の差はない」と結論できます。

同じように、要因2についても検討しましょう。要因2では、要因1と同じく、群内の自由度が56（表では60を見ます）、群間の自由度が1です。

表7-2-9 5%有意水準のF分布表

群内の自由度	群間の自由度				
	1	2	3	4	5
10	4.96	4.10	3.71	3.48	3.33
20	4.35	3.49	3.10	2.87	2.71
30	4.17	3.32	2.92	2.69	2.53
40	4.08	3.23	2.84	2.61	2.45
50	4.03	3.18	2.79	2.56	2.40
60	4.00	3.15	2.76	2.53	2.37
70	3.98	3.13	2.74	2.50	2.35
80	3.96	3.11	2.72	2.49	2.33
90	3.95	3.10	2.71	2.47	2.32
100	3.94	3.09	2.70	2.46	2.31
200	3.89	3.04	2.65	2.42	2.26
300	3.87	3.03	2.63	2.40	2.24

表7-2-10　1％有意水準のF分布表

群内の自由度	群間の自由度				
	1	2	3	4	5
10	10.04	7.56	6.55	5.99	5.64
20	8.10	5.85	4.94	4.43	4.10
30	7.56	5.39	4.51	4.02	3.70
40	7.31	5.18	4.31	3.83	3.51
50	7.17	5.06	4.20	3.72	3.41
60	7.08	4.98	4.13	3.65	3.34
70	7.01	4.92	4.07	3.60	3.29
80	6.96	4.88	4.04	3.56	3.26
90	6.93	4.85	4.01	3.53	3.23
100	6.90	4.82	3.98	3.51	3.21
200	6.76	4.71	3.88	3.41	3.11
300	6.72	4.68	3.85	3.38	3.08

　F分布表をみると、5％有意水準で、F=4.00、1％有意水準で、F=7.08、となりますので、要因2のF=3.05というのはいずれの棄却域にも入りません。したがって、「味付けの要因による点数の差はない」と結論できます。

　最後に、交互作用について検討しましょう。交互作用でも、要因1、要因2と同じく、群内の自由度が56（表では60を見ます）、群間の自由度が1です。F分布表をみると、5％有意水準で、F=4.00、1％有意水準で、F=7.08、となりますので、交互作用のF=6.65というのは5％有意水準で棄却域に入っています。したがって、「5％有意水準で、交互作用による点数の差がある」と結論できます。

7-3 交互作用の意味を理解する

交互作用が有意

　前節での分散分析の結果、2つの要因による主効果には有意差が見られませんでした。一方、交互作用には、5%有意水準で有意差が見られました。

　主効果に有意差がないということは、「その要因単独の効果はない」ということです。

　各群の平均を見ると、表7-3-1となります。

表7-3-1　各群の平均

	クリスピー	普通の衣
辛口	79.67	72.67
普通味	71.00	74.33

・辛口に関していえば

　　……クリスピーと普通の衣を比べると、クリスピーの方が高い

・普通味に関していえば

　　……クリスピーと普通の衣を比べると、普通の方が高い

　ということは、「クリスピー、辛口は、単独で使うより、両方を使った方がよく、逆にどちらかを使うくらいなら、普通のチキンの方がよい」ということがわかります。

　それでは続いて、5%有意水準で有意差の見られた交互作用の意味について、詳しく見ていきましょう。

交互作用の意味

交互作用の意味について、図式的に説明します。

交互作用のグラフは、縦軸に点数を、横軸に条件をとり、群別に平均点をとります。なお、以下のグラフで、点数は表示されていませんが、a1、a2が要因Aによる群、b1、b2が要因Bによる群、●や■で表示されているのが平均点として読みとってください。

交互作用のない場合

まず、交互作用のない場合を見てみましょう。

交互作用のない場合、グラフは平行になります（図7-3-2）。

図7-3-2　交互作用のない場合のグラフ

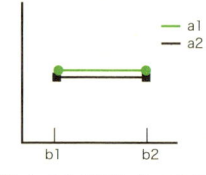

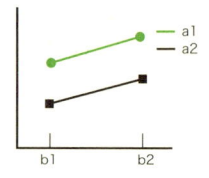

(1) Aの主効果もBの主効果もない。交互作用もない。

(2) Bの主効果はあるが、Aの主効果はない。交互作用はない。

(3) AとBの主効果がともにあるが、交互作用はない。

交互作用のある場合

交互作用のある場合のグラフは平行にはなりません（図7-3-3）。

図7-3-3　交互作用のある場合のグラフ

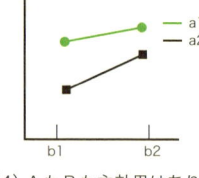

(4) AもBも主効果はあり、グラフが平行ではないので交互作用もある。

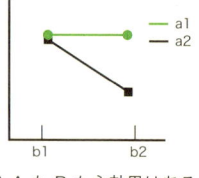

(5) AもBも主効果はあるが、a1ではBの効果がなく、a2において効果がある。従って交互作用もある。

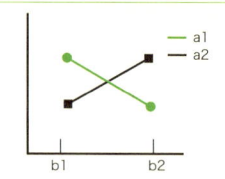

(6) b1とb2でa1とa2の位置がまったく逆になっている交差型パターン。AもBも主効果はないが、交差していることから交互作用がある。

ここでもう一度確認します。各群の平均が、表7-3-4のようになっていました。

表7-3-4　各群の平均

	クリスピー	普通の衣
辛口	79.67	72.67
普通味	71.00	74.33

これをグラフで表してみると、図7-3-5のようになります。

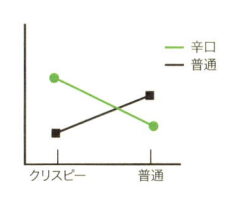

図7-3-5　各群の平均

これは図7-3-3の(6)のケースにあたり、A要因（クリスピーか普通の衣か）の主効果も、B要因（辛口か普通味か）の主効果もないけれども、クリスピーのときは辛口がよく、普通の衣のときは普通味のほうがよいという交互作用がでているのです。

つまり、組み合わされる要因によって効果の現れ方が違うということです。これが交互作用です。

● 統計学のおかげで大ヒット!?

1つひとつの計算はそこそこ骨の折れる作業でしたが、エミは本を頼りにして、何とか結論を出すことができました。

店長！　2要因を扱う分散分析の結果、それぞれを単独で売るのはやめて、両方を組み合わせて売ったほうがいい、ということがわかりました。

おお、調査ありがとう!! よし、わかった、辛口クリスピーチキンとして売り出すことにするよ! これでパクパクなんて目じゃないぞ!

こうして売り出された新メニュー「辛口クリスピーチキン」は、順調に売れ続け、ワクワクバーガーを代表する目玉商品となりました。

きっとこれからもエミは、お客さんへの対応や、店長の思いつきの調査依頼で、たびたび頭を悩まさなければいけなくなるでしょう。しかし、いまやエミは統計学の初歩は身につけています。自信を持って、あらゆる難問に立ち向かうことができるでしょう。ワクワクバーガーと、エミの未来は明るいのです。

POINT

❶ 帰無仮説を立てる。

「要因1による差がなく、要因2による差がなく、また交互作用による差もない」

❷ 帰無仮説の否定である、対立仮説を立てる。

「要因1による差があるか、要因2による差があるか、または、交互作用による差があるか、どれか1つが成り立つ」

❸ 有意水準を決める。

通常は、厳しくて1%、少し甘くて5%にする

❹ 得られた標本を使って、要因1の平方和、要因2の平方和、交互作用の平方和、残差の平方和、全体の平方和を計算する。

❺ 分散分析表を作り、自由度、平均平方を計算する。

要因1の自由度＝条件数−1

要因2の自由度＝条件数−1

交互作用の自由度＝要因1の自由度×要因2の自由度

全体の自由度＝全体のサンプルサイズ−1

残差の自由度＝全体の自由度−（要因1の自由度＋要因2の自由度＋交互作用の自由度）

平均平方＝平方和÷自由度

❻ 指標Fを計算する。

要因1、要因2、交互作用の平均平方をそれぞれ、残差の平均平方で割ったものがFとなる。

❼ F分布表の該当する自由度のところを見て、求めたFが棄却域に入っているかいないかを判定し、帰無仮説を棄却するか、採択するかを決める。

・もしFが棄却域に入っていなければ、帰無仮説を採択する

・もしFが棄却域に入っていれば、帰無仮説を棄却し、対立仮説を採択する

❽ 結論を決める。

column コラム

気温が上がるとアイスクリームが売れる?

　さて、これでこの本もゴールに着きました。この本で扱った統計法は、基本的には「差があるか、ないか」ということを調べるためのものでした。世の中にはたくさんのデータがありますが、「このデータ」と「あのデータ」の間には「意味のある違い」があるのかどうか、それとも単なる「誤差」なのかを調べることは、データを分析するための第一歩ということが言えるでしょう。もし、このデータとあのデータの間に「意味のある違い」があるということであれば、その原因について考えるステップに進むことができます。しかし、意味のある違いではなく、単なる誤差であるならば、その原因についてあれこれ考えても、結局は無駄に終わってしまう確率が高いということになります。

　このように、意味のある違いがあるかどうかを確定することはデータ分析の第一歩です。そして私たちは今、そのための考え方を手に入れました。平均と分散、データの分布ということから始めて、カイ2乗検定、t検定、分散分析という、「違い」を調べるための統計的な道具を身につけたわけです。あとは、自分の手持ちのデータに対して、その統計的道具を使用していくことによって、データを見分け、データの中から重要なことを読み取る能力がついていくことでしょう。

　ところで、統計学には、この本で扱った「違いを調べる」流れとは別のもう一つの流れがあります。それが「関係を調べる」ための統計学です。たとえば「最高気温が上がるとアイスクリームがよく売れる」ということを考えてください。これは、「最高気温」と「アイスクリームの売上げ」の「関係」を述べたものになっています。この関係がわかれば、その日の最高気温を予測することで、同時にアイスクリームの売上げも予測できることになります。これが「関係を調べる」ための統計学の流れです。

　この本の続編では、関係を調べるために役立つ統計学を紹介しようと思います。お楽しみに。では、またその本でお会いしましょう。

確認テスト

問題 ある小学校で、算数の分数の計算を教えるためのマンガを使った新しい教材を開発した。この教材の効果は従来のものと比べ、効果があるようだということはわかっているが、さらにその効果が子どもの算数に対する好みによってどう違うのかを調べたいと思う。

この効果を調べるために、あるクラスでは従来の教材で教え（統制群）、別のクラスではマンガ教材で教えた（マンガ群）。一日おいて、分数の計算テストをした。このとき、各クラスで、算数が好きか嫌いかというアンケートをあらかじめ取っておき、算数が好きな子ども10人と嫌いな子ども10人とで比較することにした。

テストの点数データ（10点満点）は下表のようになった。これを分散分析したい。

	統制群	マンガ群
算数が好き	7,8,6,8,10,7,8,8,9,7	8,9,10,10,8,8,9,7,10,8
算数が嫌い	4,6,5,4,3,7,5,6,4,5	8,7,8,6,9,7,8,8,10,8

① この検定での帰無仮説を言いなさい。
② この検定での対立仮説を言いなさい。
③ 4つの条件におけるそれぞれの平均と標準偏差を計算しなさい（小数点第3位を四捨五入）。
④ 4つの条件の平均を1つのグラフに描き、それを見て交互作用がありそうかどうかについて、予想しなさい。
⑤ 分散分析表を作りなさい（小数点第3位を四捨五入）。
⑥ 有意水準を1%としたとき、この分散分析表から言えることを書きなさい。
⑦ 以上の検定の結果を、わかりやすいことばで説明しなさい。

答えは➡ p.167

確認テスト解答例

1章–確認テスト（→p.32）

①

	平均	分散	標準偏差
桜組	70.0	58.15	7.63
桃組	70.0	26.92	5.19
柳組	57.0	26.92	5.19

② ・桜組と桃組を比較すると、平均は同じだが、桜組のほうが桃組より成績のばらつき（分散）が大きい。

・桃組と柳組を比較すると、成績のばらつき（分散）はどちらも同じだが、桃組のほうが柳組より平均点が高い。

2章–確認テスト（→p.51）

① a. 母集団
b. 標本（あるいはサンプル）
c. 無作為抽出（あるいはランダムサンプリング）
d. 正規分布（あるいは釣り鐘のような形、ベルカーブ）

② 標本数＝500、不偏分散＝60であるから、標準誤差＝$\sqrt{60 \div 500}$＝0.346410となる。また、自由度は、499（500-1）であるから、t分布表の∞（無限大）の行の値を適用する。t分布表より、確率95％のt=1.960、確率99％のt=2.576であるから、信頼区間＝標本平均±t×標準誤差より、それぞれ次のようになる。

・95％信頼区間＝65±1.960×0.346 ＝ 64.32 〜 65.68
・99％信頼区間＝65±2.576×0.346 ＝ 64.11 〜 65.89

③ ・95％信頼区間の意味……全国の小学5年生の算数の共通テストの平均点（母平均）は、95％の確率で64.32点から65.68点の間に含まれる

- 99%信頼区間の意味……全国の小学 5 年生の算数の共通テストの平均点（母平均）は、99％の確率で 64.11 点から 65.89 点の間に含まれる

3章−確認テスト（→p.78）

① 担任の先生の専門が、担当クラスの子どもの科目の好みに影響しない（担任によって、科目の好みの割合には差がない）。

② 担任の先生の専門は、担当クラスの子どもの科目の好みに影響する（担任によって、科目の好みの割合には差がある）。

③ 期待度数は以下の通り。

	桜組	桃組
国語が好き	19.76	22.24
算数が好き	12.24	13.76

④ 4.48。

⑤ 自由度は 1。そのときのカイ 2 乗分布表を見ると、1％有意水準で 6.63。④で求めたカイ 2 乗値 4.48 はこれよりも小さいので、帰無仮説は棄却できない。したがって、帰無仮説は採択された。

⑥ カイ 2 乗検定の結果、担任の先生の専門は、担当クラスの子供の科目の好みに影響しないことがわかった（担任によって、科目の好みの割合には差がないことがわかった）。

4章−確認テスト（→p.98）

① 従来通りの教え方と、新しい教え方によるテストの結果には差がない（等しい）。

② 従来通りの教え方と、新しい教え方による、テストの結果には差がある（等しくない）。

③ -1.97。

④ 自由度は36（18+20-2）。そのときのt分布表をみると、36はないので、近い40のところをみて、1%有意水準で2.704。③で求めたt値-1.97の絶対値1.97はこれよりも小さいので、棄却域には入らない。したがって、帰無仮説は棄却されない。つまり、帰無仮説は採択された。

⑤ t検定の結果、従来通りの教え方と、新しい教え方によるテストの結果には差がないことがわかった。

5章-確認テスト（→p.116）

① 事前テストと事後テストでは、テスト得点に差はない。

② 事前テストと事後テストでは、テスト得点に差がある。

③ -1.24。t=(8.722-9.056)÷0.268（事後テストを規準とした場合）。

④ 自由度17(18-1)のときの、有意水準1%のt値は、2.898。③の値-1.24は、棄却域にはいっていない。したがって、帰無仮説は採択された。

⑤ 従来の分数の教授法の後に行われた事前テストと、マンガを使った新しい方法の後に行われた事後テストのテスト得点に差はない。

6章-確認テスト（→p.138）

①

	統制群	旧マンガ群	新マンガ群
平均	5.60	6.43	7.38
標準偏差	1.25	1.45	1.49

② 統制群、旧マンガ群、新マンガ群におけるテストの平均点は、すべて等しい。

③ 統制群、旧マンガ群、新マンガ群におけるテストの平均点は、少なくともひとつの組み合わせの間に差がある。

④

要因	平方和	自由度	平均平方	F
群間	24.47	2	12.23	5.79
群内	88.78	42	2.11	
全体	113.24	44		

⑤ 群間の自由度が2、群内の自由度が42（40を見る）のとき、有意水準1%のF値は、5.18である。④の値5.79は棄却域に入り、帰無仮説は棄却された。

⑥ 統制群、旧マンガ群、新マンガ群におけるテストの平均点は、少なくともひとつの組み合わせに差があることがわかった。なお、どの組み合わせに差があるかを調べるには多重比較することが必要だが、平均点は、新マンガ群、旧マンガ群、統制群の順で高かった。

7章-確認テスト（→p.163）

① マンガ教材と統制群（要因1）の間に平均点の差がなく、算数の好きな群と嫌いな群（要因2）の間にも平均点の差がなく、交互作用にも平均点の差がない。

② マンガ教材と統制群（要因1）の間か、算数の好きな群と嫌いな群（要因2）の間か、交互作用にか、少なくともいずれか1つに平均点の差がある。

③

	統制群		マンガ群	
	好き	嫌い	好き	嫌い
平均	7.80	4.90	8.70	7.90
標準偏差	1.08	1.14	1.00	1.04

④ グラフが平行でないので、交互作用がありそうである。

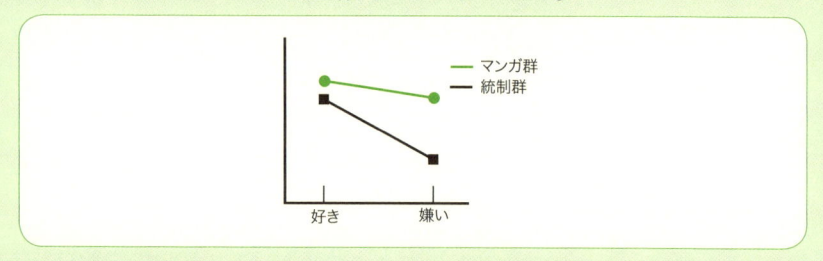

⑤

要因	平方和	自由度	平均平方	F
要因1	38.03	1	38.03	30.09
要因2	34.23	1	34.23	27.08
交互作用	11.03	1	11.03	8.72
残差	45.50	36	1.26	
全体	128.78	39		

⑥ ・要因1では、有意水準1%のF値は7.31（自由度は群間が1、群内が36（40を見る））である。⑤の値は30.09なので、有意差が認められ、帰無仮説は棄却された。

・要因2では、有意水準1%のF値は7.31（自由度は群間が1、群内が36（40を見る））である。⑤の値は27.08なので、有意差が認められ、帰無仮説は棄却された。

・交互作用では、有意水準1%のF値は7.31（自由度は群間が1、群内が36（40を見る））である。⑤の値は8.72なので、有意差が認められ、帰無仮説は棄却された。

⑦ 分散分析の結果、わかったことは以下の3つである。

1. 統制群とマンガ群では、テスト得点に差があり、マンガ群の方が高い（要因1）。

2. 算数が嫌いな子ども群と好きな子ども群では、テスト得点に差があり、算数が好きな群の方が高い（要因2）。

3. 算数が嫌いな子どものほうが、算数が好きな子どもよりも、マンガを使ったときにテスト得点の上がり方が大きい（交互作用）。

付録 t分布表、カイ2乗分布表、F分布表のまとめ

● t分布表

自由度	確率95%	確率99%
1	12.706	63.657
2	4.303	9.925
3	3.182	5.841
4	2.776	4.604
5	2.571	4.032
6	2.447	3.707
7	2.365	3.499
8	2.306	3.355
9	2.262	3.250
10	2.228	3.169
11	2.201	3.106
12	2.179	3.055
13	2.160	3.012
14	2.145	2.977
15	2.131	2.947
16	2.120	2.921
17	2.110	2.898

自由度	確率95%	確率99%
18	2.101	2.878
19	2.093	2.861
20	2.086	2.845
21	2.080	2.831
22	2.074	2.819
23	2.069	2.807
24	2.064	2.797
25	2.060	2.787
26	2.056	2.779
27	2.052	2.771
28	2.048	2.763
29	2.045	2.756
30	2.042	2.750
40	2.021	2.704
60	2.000	2.660
120	1.980	2.617
∞	1.960	2.576

● カイ2乗分布表

| 自由度 | 確率 | |
	0.05	0.01
1	3.84	6.63
2	5.99	9.21
3	7.81	11.34
4	9.49	13.28
5	11.07	15.09
⋮	⋮	⋮

●5%有意水準のF分布表

群内の自由度	群間の自由度				
	1	2	3	4	5
10	4.96	4.10	3.71	3.48	3.33
20	4.35	3.49	3.10	2.87	2.71
30	4.17	3.32	2.92	2.69	2.53
40	4.08	3.23	2.84	2.61	2.45
50	4.03	3.18	2.79	2.56	2.40
60	4.00	3.15	2.76	2.53	2.37
70	3.98	3.13	2.74	2.50	2.35
80	3.96	3.11	2.72	2.49	2.33
90	3.95	3.10	2.71	2.47	2.32
100	3.94	3.09	2.70	2.46	2.31
200	3.89	3.04	2.65	2.42	2.26
300	3.87	3.03	2.63	2.40	2.24

●1%有意水準のF分布表

群内の自由度	群間の自由度				
	1	2	3	4	5
10	10.04	7.56	6.55	5.99	5.64
20	8.10	5.85	4.94	4.43	4.10
30	7.56	5.39	4.51	4.02	3.70
40	7.31	5.18	4.31	3.83	3.51
50	7.17	5.06	4.20	3.72	3.41
60	7.08	4.98	4.13	3.65	3.34
70	7.01	4.92	4.07	3.60	3.29
80	6.96	4.88	4.04	3.56	3.26
90	6.93	4.85	4.01	3.53	3.23
100	6.90	4.82	3.98	3.51	3.21
200	6.76	4.71	3.88	3.41	3.11
300	6.72	4.68	3.85	3.38	3.08

INDEX

数字・アルファベット

1 要因の分散分析 … 143
2 要因の分散分析 … 143
AVERAGE … 16
F 分布表 … 132
SQRT … 26
STDEVP … 26
SUM … 26
t 検定 … 90, 106
t 分布 … 45
VAR … 109
VARP … 26

カ行

階級 … 19
カイ 2 乗値 … 63, 65
カイ 2 乗分布 … 67
確率密度 … 67
仮説 … 56
仮説検定 … 74
観測度数 … 59
棄却 … 57
期待度数 … 59
帰無仮説 … 57

区間推定 … 42
群間のズレ … 127
群内のズレ … 127
交互作用 … 146, 157

サ行

採択 … 57
残差 … 145
サンプリング … 36
サンプルサイズ … 36
自由度 … 49, 68
主効果 … 145
小数点 … 16
信頼区間 … 44
水準 … 142
正規分布 … 30, 42

タ行

対応 … 105
対応のある t 検定 … 105
対応のない t 検定 … 105
対立仮説 … 57
抽出 … 36
直接確率検定 … 76

度数	19
度数分布	18, 19
度数分布図	19
度数分布表	19

マ・ヤ行

無作為抽出	36
有意水準	72
要因	142

ハ行

ヒストグラム	19
標準偏差	22, 24
標準誤差	45
標本	36
標本の大きさ	36
不偏分散	39
分散	22, 24
分散分析	123, 140
分散分析表	130, 153
平均	12, 15
平方和	129
偏差値	30
偏差平方和	129
母集団	36
母分散	39
母平均	39

■本書の補足情報ページで、各章の計算を行うExcelシートがダウンロードできます。参考にしてみてください。

・『統計学がわかる』補足情報ページ
http://www.gihyo.co.jp/books/978-4-7741-3190-0/support/

■本書へのご意見、ご感想は、以下の宛先で書面にてお受けしております。電話でのお問い合わせにはお答えいたしかねますので、あらかじめご了承ください。

〒162-0846
東京都新宿区市谷左内町21-13
株式会社 技術評論社 書籍編集部
『統計学がわかる』係

【著者略歴】

向後 千春（こうご・ちはる）
　1958年東京都生まれ。早稲田大学人間科学学術院・教授。1989年早稲田大学文学研究科博士後期課程（心理学専攻）単位取得退学。博士（教育学）（東京学芸大学）。専門は、心理学を基礎としたインストラクショナルデザイン（教えることのデザイン）。
　ホームページ：http://kogolab.wordpress.com/

冨永 敦子（とみなが・あつこ）
　1961年長崎市生まれ。公立はこだて未来大学メタ学習センター准教授／テクニカルライター。2012年早稲田大学大学院人間科学研究科博士後期課程修了。博士（人間科学）（早稲田大学）。専門はライティング。
　ホームページ：http://tomi0730.com/

カバーイラスト	● ゆずりはさとし
カバー・本文デザイン	● 下野剛（志岐デザイン事務所）
本文イラスト	● フクモトミホ
本文レイアウト	● 逸見育子

ファーストブック
とうけいがく
統計学がわかる

2007年 10月　1日　初版　第 1 刷発行
2016年 11月 10日　初版　第14 刷発行

著　者　　向後 千春、冨永 敦子
発行者　　片岡 巌
発行所　　株式会社技術評論社
　　　　　東京都新宿区市谷左内町 21-13
　　　　　電話　03-3513-6150 販売促進部
　　　　　　　　03-3267-2272 書籍編集部
印刷／製本　日経印刷株式会社

定価はカバーに表示してあります。

本書の一部または全部を著作権法の定める範囲を越え、無断で複写、複製、転載、テープ化、ファイルに落とすことを禁じます。

©2007　向後 千春、冨永 敦子

造本には細心の注意を払っておりますが、万一、乱丁（ページの乱れ）や落丁（ページの抜け）がございましたら、小社販売促進部までお送りください。送料小社負担にてお取り替えいたします。

ISBN 978-4-7741-3190-0 C3033
Printed in Japan